Photoshop

风光摄影

后期技术专业教程

构图＋修图＋影调＋色调＋质感＋合成

儒雅教头 编著

人民邮电出版社

北京

图书在版编目（ＣＩＰ）数据

Photoshop风光摄影后期技术专业教程 / 儒雅教头编
著. -- 北京：人民邮电出版社，2020.8
ISBN 978-7-115-52178-1

Ⅰ．①P… Ⅱ．①儒… Ⅲ．①图象处理软件—教材
Ⅳ．①TP391.413

中国版本图书馆CIP数据核字(2020)第033510号

内 容 提 要

本书是为广大摄影爱好者利用 Photoshop 处理风光照片而编写的教程，全书从实用的角度出发，遵循"学得会、用得上"的原则，以图文并茂的形式介绍了风光照片后期处理的专业方法和技巧。

全书共 7 章，分别介绍了风光摄影后期的必备知识、后期中要考虑的几个方面、二次构图与照片修饰、照片的影调处理、照片的色调处理、不同风格照片的制作、后期合成与创意等内容。本书精心设计了许多案例，介绍了 Photoshop 在风光摄影后期处理方面的具体应用，提供了规范、系统的风光摄影后期处理流程和方法。

本书内容实用，案例丰富，所有案例配有视频教学，读者通过阅读本书并反复练习，可以快速掌握专业的风光摄影后期技法。本书适合广大摄影爱好者，特别是风光摄影爱好者阅读，也可供有一定基础的 Photoshop 爱好者、相关培训机构使用。

◆ 编　著　儒雅教头
责任编辑　赵　迟
责任印制　马振武

◆ 人民邮电出版社出版发行　北京市丰台区成寿寺路 11 号
邮编　100164　电子邮件　315@ptpress.com.cn
网址　https://www.ptpress.com.cn
北京富诚彩色印刷有限公司印刷

◆ 开本：889×1194　1/20
印张：13
字数：482 千字　　　　　　　2020 年 8 月第 1 版
印数：1 – 2 500 册　　　　　　2020 年 8 月北京第 1 次印刷

定价：89.00 元

读者服务热线：(010)81055410　印装质量热线：(010)81055316
反盗版热线：(010)81055315
广告经营许可证：京东市监广登字 20170147 号

PREFACE
前 言

一个完整的摄影过程一定是前期拍摄与后期处理的完美结合，要正确理解两者的关系，过分地强调前期或者过分地强调后期，都是失之偏颇的。一般来说，后期是为前期服务的，其作用是改善前期拍摄中的不足，如解决曝光问题，去除画面中的冗余物，甚至可以有限度地挽救一些"废片"。所以，好的摄影作品经过后期的润饰，会更加突出主题与视觉效果。在数码单反相机普及的时代，不论您喜欢风光摄影，还是商业人像、旅行摄影、鸟类拍摄等，几乎都离不开后期技术，合理地运用后期技巧能让您的摄影作品更上一层楼。专业的后期处理工具当数 Bridge 与 Photoshop，两者的配合使用，形成了完美的后期工作流程。Bridge 主要用于管理与筛选照片，而 Photoshop 则用于解决后期中的技术问题。

本书是一本关于风光摄影后期处理技术的教程，在内容安排上，包含风光摄影后期处理方面各种问题的解决方案。通过对本书的学习，读者能够快速掌握风光摄影后期处理的要领与技法。全书分为 7 章，内容安排如下：

第 1 章介绍了如何管理与筛选照片、使用 Camera Raw 对照片进行预处理、风光摄影后期处理必备的 Photoshop 知识；

第 2 章介绍了风光照片后期处理过程中要考虑的几个方面，分别从构图、修饰、影调、色调、质感与合成等角度分析了后期要做的具体工作；

第 3 章介绍风光照片的基本处理技术，如二次构图、校正倾斜、修饰与装饰等；

第 4 章介绍了如何解决风光照片的影调问题，包括照片的过曝与欠曝问题、偏灰与大光比问题、局部光线处理等内容；

第 5 章介绍了风光照片的调色技巧，既有常规的调色方法，也有 ACR 技术的运用、Lab 模式调色技巧等；

第 6 章介绍了风光照片的风格处理方法，如黑白、高调、低饱和度、画意、HDR 效果等；

第 7 章介绍了风光照片的合成与创意，内容包括全景接片、换天空、制作倒影、添加烟雾等，最后还介绍了创意合成。

本书编者从事摄影后期培训工作多年，对摄影后期有着比较深入的认识与见解。学习摄影后期不能单纯学习 Photoshop 软件的使用，还需要掌握更多方面的知识，比如计算机基础、摄影知识、平面与色彩构成、视觉心理等。大家不能只有三分钟的热度，需要坚持不断地学习。只有多动手、多思考、多实践，才能总结出一套适合自己的后期方法。在学习的过程中，建议注重对创作思路与步骤的理解，参数设置只是一个参考。

本书适合喜欢风光摄影、旅行摄影的爱好者。为了方便大家学习，下载资源中有书中实例的素材文件、PSD 源文件，同时有教学视频可供在线观看。另外，读者在学习过程中如果遇到技术问题，可以通过 QQ 群进行交流（扫描封底二维码，根据提示操作即可入群）。

本书在编写的过程中得到了广大影友的热情支持，在此感谢雨林、Lily、农民、雨淋等影友为本书提供原片。编者水平有限，书中如有疏漏和不足之处，欢迎广大读者批评指正。

儒雅教头

2019 年 12 月

资源与支持

本书由"数艺设"出品，"数艺设"社区平台（www.shuyishe.com）为您提供后续服务。

配套资源

书中案例的素材文件、PSD 源文件

在线教学视频

资源获取请扫码

与我们联系

我们的联系邮箱是 szys@ptpress.com.cn。如果您对本书有任何疑问或建议，请您发邮件给我们，并请在邮件标题中注明本书书名以及 ISBN，以便我们更高效地做出反馈。

如果您有兴趣出版图书、录制教学课程，或者参与技术审校等工作，可以发邮件给我们，有意出版图书的作者也可以到"数艺设"社区平台在线投稿（直接访问 www.shuyishe.com 即可）；如果您是学校、培训机构或企业，想批量购买本书或"数艺设"出版的其他图书，也可以发邮件给我们。

如果您在网上发现有针对"数艺设"出品图书的各种形式的盗版行为，包括对图书全部或部分内容的非授权传播，请您将怀疑有侵权行为的链接通过邮件发给我们。您的这一举动是对作者权益的保护，也是我们持续为您提供有价值的内容的动力之源。

关于数艺设

人民邮电出版社有限公司旗下品牌"数艺设"，专注于专业艺术设计类图书出版，为艺术设计从业者提供专业的图书、U 书、课程等教育产品。领域涉及平面、三维、影视、摄影与后期等数字艺术门类，字体设计、品牌设计、色彩设计等设计理论与应用门类，UI 设计、电商设计、新媒体设计、游戏设计、交互设计、原型设计等互联网设计门类，环艺设计手绘、插画设计手绘、工业设计手绘等设计手绘门类。更多服务请访问"数艺设"社区平台 www.shuyishe.com。我们将提供及时、准确、专业的学习服务。

CONTENTS

目　录

CHAPTER 01　风光摄影后期的必备知识

CHAPTER 02　后期中要考虑的几个方面

CHAPTER 03 风光摄影后期的简单处理

CHAPTER 04 风光摄影后期的影调处理

CHAPTER 05 风光摄影后期的色调处理

CHAPTER

01

风光摄影后期的必备知识

无后期，不摄影。此话虽有些夸张，但是充分说明了后期处理在数码照片拍摄中的重要作用。一幅好的摄影作品必然是前期与后期的综合体。目前，最专业、最流行、最实用的数码后期处理软件当属 Photoshop，这是一款功能非常强大的图像处理软件。本章将从实际应用出发，介绍在风光摄影后期处理过程中需要使用的一些 Photoshop 基本功能，主要目的是帮助初学者快速入门，也是对数码后期的知识点进行归纳与提炼。

通过阅读本章您将学会：

选片
使用 Camera Raw 对照片进行预处理
灵活创建选区
基本工具的使用
图层与图层蒙版的使用
混合模式的使用
对图像进行自由变换
常见滤镜的使用

1.1 使用 Bridge 选片

对于风光摄影的爱好者来说，每次外出摄影都会拍摄大量的风光照片，但并不是每张照片都是优秀的，可能存在一些拍虚的、过曝或欠曝的、构图不理想的照片。如何从大量的照片中选出自己满意的作品呢？这就面临着照片的筛选与管理问题，Adobe 公司为我们提供的 Bridge 软件可以很好地解决这个问题，这是摄影师必备的一款照片管理工具。

Bridge 是与 Photoshop CS2 一起诞生的，它的前身是 Photoshop CS 中的"文件浏览器"。迄今为止，它已经发展成为一个独立运行的文件管理与控制中心，与 Photoshop 实现了无缝结合，同时它也是 Adobe 公司其他软件之间协同工作的"桥梁"。使用 Bridge 可以组织、浏览、定位各类文件，可以查看相机生成的元数据信息，如相机与镜头的型号、创建时间、曝光参数，也可以对照片进行评级、重命名、套用开发设置等。

1.1.1 工作区概述

在 Adobe CS 时期，Bridge 与 Photoshop 是捆绑在一起的，即安装了 Photoshop 就会自动安装 Bridge。从 Adobe CC 时代开始，Bridge 被完全分离成一个独立的软件，需要单独安装。用户安装了 Bridge CC 2018 以后，在桌面上单击【开始】按钮，在打开的【开始】菜单中指向【所有程序】，然后单击【Adobe Bridge CC 2018】选项，即可启动 Bridge CC 2018。

Bridge CC 2018 提供了 8 种工作区，以方便用户查看与管理照片，分别是"必要项""胶片""输出""元数据""关键字""预览""看片台"和"文件夹"。不同的工作区，其界面构成是不一样的，图 1-1 所示为"必要项"工作区。该工作区下的窗口分为 5 部分：左侧的【收藏夹 / 文件夹】面板❶用于快速指定照片文件的位置；【滤镜 / 收藏集】面板❷主要用于设置过滤条件、筛选照片、创建照片收藏集等；界面中间的【内容】窗格❸中显示了照片的缩略图；右侧的【预览】面板❹中将放大显示被选中的照片；【元数据 / 关键字】面板❺用于显示照片的一些原始信息。

Tips

数码照片主要有两种格式，即 JPEG 格式与 RAW 格式。（1）JPEG 格式是一种可跨平台使用的有损压缩格式，当将图像保存为 JPEG 格式时，可以指定图像的品质和压缩级别。（2）RAW 意为未经过处理的。对于数码照片而言就是数码相机的原始数据，即未经过处理直接从 CCD 上得到的光电压信息。RAW 格式最大的优点在于它的宽容度更高，特别有利于后期处理。

图 1-1

在实际工作过程中，用户可以根据个人的喜好切换工作区，方法是在工作界面上方单击相应的按钮。例如，单击"胶片"按钮，则显示"胶片"工作区，如图 1-2 所示。读者也可以单击其他几个按钮，观察不同工作区之间的差别，选择适合自己或自己喜欢的工作区。

Tips

（1）默认情况下，Bridge 的工作界面为黑色，可以通过【编辑】>【首选项】命令进行更改。
（2）Bridge 的标题栏上并不显示软件名称，而是显示当前文件夹的名称。
（3）将光标置于窗格的分界线上，拖动鼠标可以改变窗格的大小。

图 1-2

1.1.2 查看与评级

当照片的数量比较多时，就必须对照片进行筛选，而筛选照片的前提是查看照片并对照片进行评级。Bridge 提供了多种查看照片的方法，用户可以直接在 Bridge 工作区的【内容】窗格中查看照片。如果觉得照片的缩览图太小，可以拖动工作区右下角的滑块，改变缩览图的大小，以便于查看，如图 1-3 所示。

图 1-3

Tips
Bridge 提供了多种预览和查看图像的方法，如全屏预览、幻灯片放映、审阅模式等，通过【视图】菜单可以切换，也可以利用空格键、Ctrl+B 快捷键、Ctrl+L 快捷键进行切换。

一般情况下，建议用户在全屏模式下查看照片，这时整个屏幕只显示一张照片，用户可以在不受其他信息干扰的情况下欣赏照片，判定照片的好坏，从而设出不同的星级。

在【内容】窗格中选择一张照片，按下键盘中的空格键即可切换到全屏模式，如图 1-4 所示。在这种视图模式下，如果要翻阅照片，可以通过键盘上的方向键进行操作。

图 1-4

在查看照片的过程中可以对照片进行评级。为照片评级是 Bridge 提供的一项非常实用的功能，它可以将照片分为 1~5 星，也可以保持无评级的状态。许多摄影爱好者都拍摄了大量的照片，使用此功能，可以对这些照片进行分级管理，以便于对不同品质的照片进行不同的操作。

照片评级的方法很多，这里介绍两种最快捷的方法：一是在【内容】窗格中，按下 Ctrl+ 数字（0~5）快捷键进行设置；二是在全屏模式下，直接按下数字（0~5）键。这两种方法都是非常实用的，在【内容】窗格中操作时，照片缩览图的正下方将出现评级符号，而在全屏模式下操作时，评级符号出现在屏幕的左下方。

评级	【内容】窗格中	全屏模式下
无评级	Ctrl+0	0
1 星	Ctrl+1	1
2 星	Ctrl+2	2
3 星	Ctrl+3	3
4 星	Ctrl+4	4
5 星	Ctrl+5	5

1.1.3 筛选出好照片

前面介绍了如何查看照片与评级，目的就是选出好照片。Bridge 具有强大的筛选功能，在【滤镜】面板中可以根据多种标准对照片进行筛选，如评级、文件类型、长宽比、ISO 感光度、白平衡、关键字、取向等，如图 1-5 所示。这里需要提示一点，【滤镜】面板中并不是始终显示相同的筛选标准。如果一组照片没有进行过评级，就不会出现"评级"；如果一组照片中只有一种照片格式（JPEG 格式或 RAW 格式），就不会出现"文件类型"。

大多数情况下，筛选照片时只需要设置一个星级即可。例如，要在 300 张照片中筛选出满意的作品，则必须从头到尾查看一遍照片，一边查看，一边对照片进行优劣判定。如果觉得照片比较不错，就可以设置为 5 星级（其他星级也可以），然后在【滤镜】面板中选择"★★★★★"星级，即可过滤掉不满意的照片，如图 1-6 所示，此时只显示 5 星级的照片。

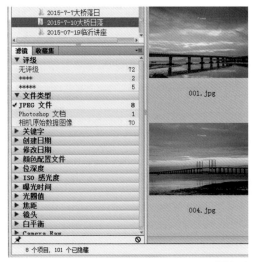

图 1-5

图 1-6

除了可以根据"评级"筛选照片以外，还可以根据"取向"筛选出横版或竖版的照片，根据"文件类型"筛选出 JPEG 或 RAW 格式的照片，以及其他格式的文件。

另外，筛选出满意的照片以后，还可以将筛选出来的照片复制或移动到别的文件夹中。方法是：选择筛选出的照片，单击鼠标右键，在弹出的快捷菜单中选择【复制到】>【选择文件夹】命令，如图 1-7 所示，然后指定一个文件夹即可，这样就提取了满意的照片，实现了照片分类管理。

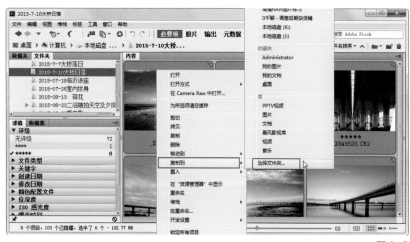

图 1-7

1.2 Camera Raw 的基本使用

　　Camera Raw 是 Photoshop 软件自带的一款处理 RAW 格式照片的插件，最早出现在 Photoshop 7.0 中，在摄影圈内被称为 ACR。由于其功能专业，界面友好，简单易用，并且与 Photoshop 无缝连接，所以受到越来越多的摄影爱好者的青睐。广大摄影爱好者所熟悉的 Lightroom 软件其实就是由 Camera Raw 演变而来的。2009 年，Adobe 公司把 Camera Raw 从 Photoshop 中剥离出来，开发了 Lightroom（简称 LR）软件单独销售，但是 Camera Raw 并没有从 Photoshop 中消失，而是在不断地升级，本书所用的版本是 Camera Raw 10.4，其功能相当强大，兼容所有相机厂家的 RAW 格式，并且可以像处理 RAW 格式的照片一样处理 JPEG 格式的照片，还可以去除薄雾，进行全景接片、HDR 处理等，它已经成为处理数码照片不可缺少的利器。在 Bridge 中双击 RAW 格式照片，就会弹出 Camera Raw 对话框（简称 ACR 对话框），如图 1-8 所示。ACR 对话框由 6 部分组成，分别是标题栏、工具栏、预览窗口、工作流程、直方图和参数面板。

　　标题栏❶： 显示 Camera Raw 的版本号与拍摄照片所使用的相机型号，如果是 JPEG 格式的照片，则显示照片的名称。

　　工具栏❷： 提供了调整照片的各种工具，从左到右依次是缩放工具、抓手工具、白平衡工具、颜色取样器工具、目标调整工具、裁剪工具、拉直工具、变换工具、污点去除、红眼去除、调整画笔、渐变滤镜、径向滤镜等。

预览窗口❸：用于显示照片的调整效果。左下角用于控制预览窗口的缩放显示，一般100%比例显示时效果最真实；右下角用于控制预览窗口的切换。

工作流程❹：单击该区域的文字，则弹出【工作流程选项】对话框，如图1-9所示，在该对话框中可以设置色彩空间、色彩深度等。为了保存更多的色彩层次与图像细节，可以选择 ProPhoto RGB 或 Adobe RGB 色彩空间，色彩深度选择16位通道。但是如果只是在网络上发布，依然建议选择sRGB色彩空间和8位通道，防止忘记转换而出现偏色问题。

直方图❺：Camera Raw 中的直方图直观地反映了色彩与色调在整个照片中的分布情况，并且同时显示3个颜色通道。

参数面板❻：这是 Camera Raw 的核心部分，共分10个选项卡，分别用于调整照片的基础参数、颜色、镜头校正、锐化与降噪等。

图 1-8

图 1-9

1.2.1 使用预设

　　Camera Raw 10.4 中提供了若干的配置文件、风格与预设，这对于提高工作效率非常有帮助，如图1-10所示。

处理方式：选择"颜色"为彩色照片，选择"黑白"则为黑白照片。

配置文件：打开下拉列表，可以选择固定的风格，选择最下方"浏览"或单击右侧的按钮，则进入【配置文件浏览器】面板。

图 1-10

在【配置文件浏览器】面板中，用户可以选择更多的风格。对于 RAW 格式的照片，可以选择所有分类中的风格；而对于 JPEG 格式的照片，则只能选择"艺术效果""黑白""现代"和"老式"分类中的任意一种创意配置文件，从而来创建独特的照片风格。

当选择某一种风格后，还可以通过"数量"值控制效果的强弱，如图 1-11 所示，单击【关闭】按钮则返回上一级。

图 1-11

切换到【预设】面板，在这里可以看到系统提供了若干预设，如图 1-12 所示。在 Camera Raw 10.4 以前的版本中，这里是空白的，需要由用户自己创建或导入预设，而在 10.4 版本中，系统提供了 7 类预设，极大地方便了用户。

图 1-12

Tips

在照片上应用内置风格或预设时，不会更改或覆盖其他参数的值，所以用户可以根据个人喜好，在编辑过的照片上套用风格或预设。

1.2.2 裁剪照片

Camera Raw 中提供了裁剪功能，利用它可以进行二次构图，在工具栏中按住"裁剪工具"不放，稍一停顿则弹出一个菜单，如图 1-13 所示，在这里可以设置裁剪比例，常用的比例是正常、1：1、3：4 和 9：16。选择合适的比例后，在预览窗口中拖动鼠标，就可以创建裁剪框。

图 1-13

创建了裁剪框以后，可以拖动角端的控制点来改变其大小，将光标置于裁剪框的外侧拖动，则可以旋转裁剪框，如图 1-14 所示。调整到理想的形态以后，在裁剪框内双击鼠标或者按下 Enter 键确认操作，从而得到理想的构图。

Tips

在 Camera Raw 中裁剪照片并不会损坏原照片，只是屏蔽了不需要的部分。如果要恢复到原来的状态，可以在"裁剪工具"的菜单中选择【清除裁剪】或【设置为原始裁剪】命令。

图 1-14

Camera Raw 中的"拉直工具"用于校正地平线倾斜的照片，但是它与裁剪工具没有什么本质的区别，只是裁剪工具的一种扩展应用。如果照片的地平线倾斜，双击"拉直工具"，或者选择该工具后沿地平线拖动鼠标，则自动生成一个裁剪框，如图 1-15 所示。这与使用裁剪工具创建裁剪框后再旋转是一样的，只是效率更高而已。

图 1-15

1.2.3 处理影调

Camera Raw 是处理照片的影调最理想的工具，简单快速，效果显著。一般情况下，在【基本】和【色调曲线】面板中进行调整，就可以得到较好的影调。下面打开一幅照片，如图 1-16 所示，这张照片整体欠曝，略偏灰，暗部细节不够明显，接下来通过对照片影调的调整，介绍一些可以控制照片影调的重要参数。

图 1-16

在【基本】面板中单击【自动】，然后在此基础上调整照片的影调，如图1-17所示。

曝光： 调整照片的曝光度，影响整体明暗。

对比度： 主要影响照片中间调的对比度。

高光/阴影： 调整照片的高光/阴影区域，主要用于降低过曝/提高欠曝区域的亮度。

白色/黑色： 用于调整照片的高光/阴影裁剪，影响照片的通透度。

图 1-17

向下拖动滚动块，可以看到"去除薄雾"出现在【基本】面板中，这是 Camera Raw 10.3 版本时进行的调整，以前该项参数在【效果】面板中。通过控制"去除薄雾"参数可以从整体上调整照片的影调，如图1-18所示。

图 1-18

在【色调曲线】面板中，通过调整曲线可以控制照片的明暗，如图1-19所示。这里有两种操作方式：一是在【参数】模式下，只能通过拖动滑块改变照片不同区域的影调；二是在【点】模式下，可以在曲线上添加控制点，改变曲线的形态，从而影响照片的明暗。后一种方式与Photoshop中【曲线】命令的用法一致。向上调整曲线，照片变亮；向下调整曲线，照片变暗；如果将曲线调整为S形，则提高照片的对比度。

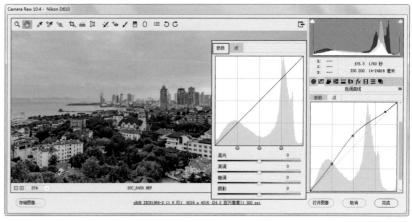

图 1-19

1.2.4 处理色调

Camera Raw 是处理 RAW 格式照片的专业工具，在照片调色方面具有独特的优势，它可以站在摄影师的角度来理解照片，例如，通过白平衡可以调整照片的冷暖色调，同时还可以分离色调、调整原色等。下面打开一幅照片，如图 1-20 所示，通过调整这张照片的颜色，介绍 Camera Raw 中的调色选项。

图 1-20

白平衡是摄影前期中的一个概念，但是在 Camera Raw 的【基本】面板中也提供了这样的参数，如图 1-21 所示，也就是说，在照片的后期处理中，可以通过修改白平衡参数来改变照片的色调。

色温：用于控制照片在蓝色与黄色之间的平衡，向左移增加蓝色，向右移增加黄色。

色调：用于微调色温效果，可以控制照片在绿色与洋红色之间的平衡。向左移增加绿色，向右移增加洋红色。

图 1-21

在【校准】面板中可以通过控制原色的色相、饱和度来调整照片的色彩，如图 1-22 所示。该面板是按照感光元件的原理设计的，主要是为了精确还原照片的颜色，但是也可以对照片的色彩进行创意调整。

色调：用于校正阴影区域色温偏移问题，对中间调也有一定的影响。

色相：用十控制原色的色彩偏移。

饱和度：用于控制原色的饱和度。

图 1-22

Camera Raw 中的【HSL 调整】面板中具有【色相】【饱和度】和【明亮度】3 个子面板，如图 1-23 所示。它可以根据颜色划分对照片进行调色。对于每一种颜色来说，都可以调整其色相、饱和度和明亮度。其中，最常用的是饱和度，通过它可以突出某种颜色在画面中的表现；其次是明亮度，例如，降低蓝色的明亮度可以压暗天空；而色相主要用来微调某种颜色，或者用来制造创意色调。

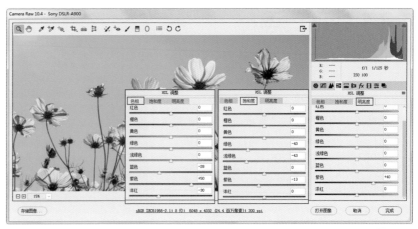

图 1-23

在【分离色调】面板中，可以对照片的高光区域与阴影区域分别进行调整，使照片表现出一定的色彩对比，如图 1-24 所示。调整方法很简单，首先设置饱和度的值，然后再调整色相，否则预览不到变化效果。

色相： 用于设置高光或阴影区域的颜色。

饱和度： 用于设置颜色效果的程度。

平衡： 用于控制高光和阴影之间的分配比例，正值会增加对阴影区域的影响，减少对高光区域的影响，负值则相反。

图 1-24

前面介绍过，通过【色调曲线】面板可以控制照片的影调，除此以外，在【点】模式下，还可以控制照片的色调，如图 1-25 所示。此时与【曲线】命令的用法一致。

红色： 向上提曲线，照片偏红色；向下压曲线，照片偏青色。

绿色： 向上提曲线，照片偏绿色；向下压曲线，照片偏洋红色。

蓝色： 向上提曲线，照片偏蓝色；向下压曲线，照片偏黄色。

图 1-25

1.2.5 局部处理技巧

随着 Camera Raw 版本的不断升级，其功能越来越强大，不借助其他手段，也可以完成照片的基本处理。除了前面介绍的功能之外，Camera Raw 在局部处理方面也十分方便，可以借助调整画笔、渐变滤镜、径向滤镜等工具创建选区，然后进行局部调整。打开一张照片，如图 1-26 所示。

图 1-26

在工具栏中选择"渐变滤镜"工具，然后在预览窗口中从上到下拖动鼠标，这样就创建了一个渐变调整选区，如图 1-27 所示，这时调整参数，处理效果将慢慢过渡，非常自然。

可调整的参数包括色温、色调、曝光、对比度、阴影、高光、清晰度、去除薄雾、去边、锐化程度等。

另外，也可以对创建的渐变调整选区进行调整，在最上方选择【画笔】选项，就可以对选区进行添加或者减少。

图 1-27

"调整画笔"工具是 Camera Raw 中灵活性最强的调整工具，选择该工具后，在预览窗口中拖动鼠标，可以创建选区。如果需要修改选区，可以在选择【添加】或【清除】选项后继续拖动鼠标。最后，在参数面板中调整参数即可，如色温、色调、曝光、对比度、饱和度、减少杂色等，如图 1-28 所示。

图 1-28

"径向滤镜"工具与"渐变滤镜"工具的用法相同，首先需要使用该工具在预览窗口中创建一个径向渐变选区，然后在参数面板中调整参数即可。它不但可以调整选区内部，还可以调整选区外部，如图 1-29 所示，通常使用它来制作照片暗角或局部提亮。

图 1-29

1.3 认识 Photoshop

广大摄影爱好者一定非常熟悉这样两句话："你的照片 PS 了没有？""我想学习如何 PS 照片。"

这里的 PS 其实就是 Photoshop 的缩写，只是在生活中把它演化成了动词，泛指利用计算机软件处理数码照片。Photoshop 是一款功能非常强大的图像处理软件，最早应用于桌面印刷，后来功能越来越强大，应用领域也越来越广。2003 年，随着数码相机的普及，Photoshop 开始加强数码照片处理功能，当时的 Photoshop 7.0 新增了文件浏览器（即现在的 Bridge）、修复画笔工具、修补工具等，预示着 Adobe 公司开始关注数码照片后期处理市场。本书所用的版本是 Photoshop CC 2018，该版本的数码照片处理功能非常强大，可以完成照片处理很多方面的工作，从修图、调色，到抠图、合成，几乎无所不能。

一般情况下，处理一张风光照片的流程是：先在 Camera Raw 中进行预处理，然后进入 Photoshop 进行精细调整，弥补照片中的不足。接下来介绍一下 Photoshop 的基本知识。

1.3.1 工作界面

识人先识面。学习 Photoshop 当然要先从工作界面入手。Photoshop CC 2018 的工作界面由菜单栏、工具选项栏、工具箱、控制面板、图像窗口等部分组成，如图 1-30 所示。

菜单栏❶： Photoshop CC 2018 的菜单栏与其他应用程序类似，位于界面的最上方，菜单栏中有 11 组菜单，分别是文件、编辑、图像、图层、文字、选择、滤镜、3D、视图、窗口、帮助。这些菜单中包含了 Photoshop 的大部分

图 1-30

操作命令，但是真正处理照片时，使用命令的时候并不多，多数情况下使用一些快捷的操作方法。

工具选项栏❷：工具选项栏是 Photoshop 的重要组成部分，在使用任何工具之前，都要在工具选项栏中对其进行参数设置。选择不同的工具时，工具选项栏中的参数也将随之发生变化。

工具箱❸：工具箱中放置了 Photoshop 的所有创作工具，包括选择工具、修复工具、填充工具、绘画工具等。工具箱通常位于界面的最左侧，也可以任意调整它的位置，另外，它提供了"单排"与"双排"两种外观显示方式。

工具箱的表面只能显示 21 个工具，始终有一个工具是凹下去的，表示该工具为当前工具。如果要选择某个工具，可以将光标指向要选择的工具按钮，如"画笔工具"，稍等片刻后，会出现工具名称与快捷键，单击鼠标，则该按钮凹下去，表示选择了该工具。如果要选择隐藏工具，可以将光标指向含有该工具的按钮，单击鼠标右键，则出现工具选项菜单，再将光标指向要选择的工具，单击鼠标即可。

控制面板❹：主要用于监视、编辑与修改图像，通常位于界面的右侧，而且是以组的形式出现的。在数码照片处理工作中，常用的面板有【历史记录】面板、【图层】面板、【通道】面板、【调整】面板等。

控制面板是可以折叠的。编辑图像时，如果不需要使用控制面板，可以将其折叠为图标；需要使用的时候，可以再将其展开。另外，还可以移动位置、显示或隐藏等，非常灵活。

图像窗口❺：图像窗口就是图像编辑区，对于照片而言，图像窗口就是照片区域。在 Photoshop 中，图像窗口以标签的形式出现，这使得窗口之间的切换比较方便，直接单击要激活的图像窗口的标签即可。

1.3.2 打开与查看照片

打开照片是处理照片的第一步。默认情况下，启动 Photoshop CC 2018 以后则出现"开始"工作区，如图 1-31 所示。这里显示了最近操作过的文件，另外还提供了【新建】按钮与【打开】按钮，单击【打开】按钮，可以打开所需要的照片。

但是在实际工作中，这并不是一个常用的方法，因为对于 RAW 格式照片，在【打开】对话框中无法预览，非常不方便。我们通常采用以下两种方法打开照片。

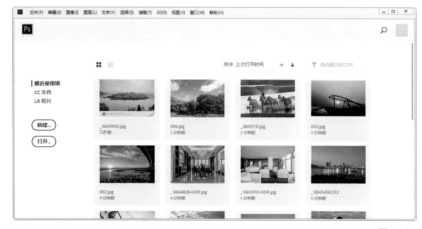

图 1-31

方法一：在 Bridge 中直接双击要打开的照片。如果是 JPEG 格式的照片，直接进入 Photoshop 工作界面；如果是 RAW 格式的照片，则弹出 ACR 对话框，此时可以做一些预处理，当然也可以不做任何处理，然后单击【打开图像】按钮。这是首推的打开的方法，因为在 Bridge 中可以方便地查看照片，而且能够与 Photoshop 无缝衔接。

方法二：在 Bridge 窗口中或资源管理器窗口中拖动要打开的照片到 Photoshop 工作界面中，同样可以打开照片。但必须注意，如果已经打开了一张照片，再拖动照片到 Photoshop 工作界面中时，不能拖动到打开的照片上，这时为导入照片，必须拖动到图像窗口以外的区域才可以。

默认情况下，打开 JPEG 格式的照片时，将进入 Photoshop 工作环境。如果希望打开 JPEG 格式的照片时能够弹出 ACR 对话框，需要在 Photoshop 中执行菜单栏中的【编辑】>【首选项】>【Camera Raw】命令，在【Camera Raw 首选项】对话框中选择"自动打开所有支持的 JPEG 和 HEIC"，如图 1-32 所示。

图 1-32

在处理照片的过程中需要随时放大或缩小显示照片。一般情况下，缩小显示是为了纵观全局，查看整体效果；而放大显示是为了使局部操作更加精确。Photoshop 提供了多种放大与缩小显示图像的方法。

缩放工具：选择"缩放工具"，在照片中单击鼠标，则放大显示，如图 1-33 所示。按住 Alt 键的同时单击鼠标，则缩小显示。

快捷键：按 Ctrl++ 快捷键，放大显示照片；按 Ctrl+- 快捷键，缩小显示照片。

图 1-33

当照片被放大显示以后，图像窗口中往往只能显示照片的一部分，这时利用"抓手工具"可以平移窗口，以便于查看照片的不同位置。

选择"抓手工具"，在图像窗口中按住鼠标左键进行拖动，就可以进行查看，如图 1-34 所示。

Tips

任何情况下按住键盘上的空格键，可以临时切换为"抓手工具"，释放空格键以后，则又切换回原来的工具。

图 1-34

1.4 几个重要的工具

　　Photoshop 提供了 68 个工具，可以完成选择、填充、绘画、编辑等工作，是进行图像创作必不可少的利器。但是对于风光摄影后期处理来说，主要任务是完成修图与调色，所以并不会使用到所有的工具。在这里，重点向大家介绍使用频率比较高的几个工具，以便让大家了解它们的主要作用与使用方法。

1.4.1 裁剪工具

　　构图是摄影的基础，一幅成功的摄影作品必然有着完美的构图。使用"裁剪工具"对照片进行适当的剪切，可以对一些不尽如人意的照片进行补救，使照片更完美，这一过程称为二次构图。Photoshop CC 2018 的"裁剪工具"有两种工作模式。默认情况下，选择"裁剪工具"后照片周围自动出现裁剪框；如果老用户更加习惯以前的操作方式，可以单击【设置其他裁切选项】按钮，在打开的选项板中选择【使用经典模式】选项，这种情况下，只有拖动鼠标才出现裁剪框。

选择"裁剪工具",在工具选项栏中打开比例下拉列表,可以选择预设的比例。如果不希望改变原始比例,要选择"原始比例"选项,如图 1-35 所示。

图 1-35

在工具选项栏中单击【叠加选项】按钮,在打开的下拉列表中可以选择不同的视图网格,如"三等分""网格""三角形"等,使用它们可以帮助用户在二次构图时确定视觉中心,如图 1-36 所示。

图 1-36

默认情况下,选择"裁剪工具"后照片周围自动出现裁剪框,而选择【使用经典模式】选项,则需要拖动鼠标才出现裁剪框。出现裁剪框以后,拖动裁剪框的控制点,可以改变照片的大小;将光标放置在裁剪框的外侧,拖动鼠标可以旋转照片,如图 1-37 所示,最后按下 Enter 键即可。

图 1-37

现在的"裁剪工具"具有内容识别功能，但是不能在经典模式下使用，所以要取消勾选【使用经典模式】选项，勾选【内容识别】选项，当裁剪框超出照片范围时，确认裁剪以后，系统会自动填补空白区域，如图 1-38 所示。这项功能对于适度扩展画面有一定的帮助。

图 1-38

1.4.2 画笔工具

在照片后期处理工作中，"画笔工具"主要用于编辑图层蒙版。使用"画笔工具"时，合理地设置工具选项栏中的参数是最关键的。

选择"画笔工具"以后，在工具选项栏的【不透明度】选项中设置不透明度的值，可以控制所绘线条的不透明程度。图 1-39 所示为修改【不透明度】的值后绘制的线条。

图 1-39

在工具选项栏中单击【画笔预设】右侧的下拉按钮，可以打开画笔选项板，如图 1-40 所示。

在画笔列表中展开分类，可以看到不同形状的画笔，双击所需的画笔，可以选择系统预设的画笔，同时关闭画笔选项板。

如果没有合适大小的画笔，可以选择最接近的一种画笔，然后修改【大小】和【硬度】值，从而得到所需的画笔。

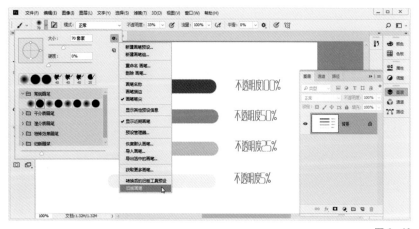

图 1-40

"仿制图章工具""橡皮擦工具"与"画笔工具"的使用方法基本一致，只是操作结果不同。其中"仿制图章工具"主要用于修复图像，而"橡皮擦工具"用于擦除多余的图像，图1-41所示为"橡皮擦工具"的参数与在普通图层上的擦除效果。

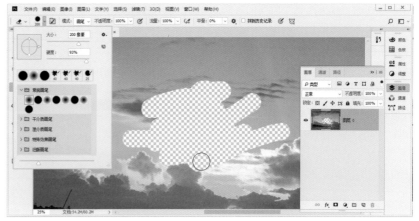

图 1-41

1.4.3 智能修复工具

修片是数码后期处理的一项重要工作，因为在前期拍摄时难免会有一些不必要的元素闯入镜头，这时必须通过后期进行修复。

选择"污点修复画笔工具"，并设置适当的画笔大小，在要修复的图像上单击鼠标或者拖动鼠标，就可以快速移去图像中的污点或不理想的部分，非常智能。图 1-42 所示为修除画面中电线的过程。

图 1-42

除了"污点修复画笔工具"，还有一个修图利器，即"修补工具"，它适合消除照片中大面积的冗余物。从本质上讲，"修补工具"是一个复制工具，它可以将选择的图像区域复制到另外的区域上，而且可以做到天衣无缝。

选择"修补工具"，在工具选项栏中选择【源】选项，在画面中选择要修除的水泥柱，将光标置于选区内，拖动到理想的图像区域，如图 1-43 所示，释放鼠标左键，则水泥柱被修掉。

图 1-43

Photoshop 中还有一个智能修复命令，它可以根据选区周围的像素进行智能处理，填充选区并得到一个与周围环境相匹配的效果。

选择要修除的对象，然后执行菜单栏中的【编辑】>【填充】命令，则弹出【填充】对话框，在该对话框中选择"内容识别"选项并单击【确定】按钮即可，如图 1-44 所示。

内容识别填充功能并不适合所有的情况，它只适合处理不规则纹理的背景，如水面、杂草、花丛等。

图 1-44

1.4.4 渐变工具

使用"渐变工具"可以在图像上或选区中填充渐变色。所谓渐变色是指从一种颜色逐渐过渡到另一种颜色。

选择"渐变工具"以后，在工具选项栏中设置渐变色、渐变类型，然后在图像中拖动鼠标即可填充渐变色。渐变色的类型如图 1-45 所示。处理数码照片时，"线性渐变"与"径向渐变"类型使用较多。

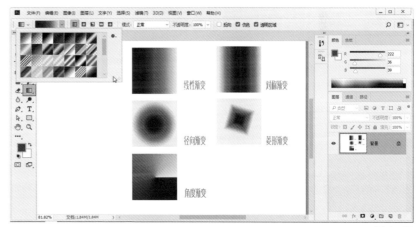

图 1-45

拍摄风光照片时，如果天空一片惨白，一般可以通过后期手段解决，除了可以更换天空以外，也可以使用"渐变工具"绘出。

选择"渐变工具"，设置前景色为蓝色，在工具选项栏中设置为"前景色到透明渐变""线性渐变"类型，然后在图像窗口中选择惨白的天空，在选区内由上到下垂直拖动鼠标，即可将天空部分填充上颜色，对照片做出一定的改善，如图 1-46 所示。

图 1-46

处理数码照片时，"渐变工具"最重要的一个应用是编辑图层蒙版，因为它可以实现均匀的过渡。如图 1-47 所示，原照片中天空过亮，细节不够明显，可以使用曲线压暗天空，但是水面部分也会受到影响，为了防止出现这个问题，可以使用渐变工具来编辑蒙版。

选择"渐变工具"，设置前景色为黑色，在工具选项栏中设置为"前景色到透明渐变""线性渐变"类型，在曲线的蒙版上由下向上拖动鼠标，这样就可以控制曲线只影响天空部分。

图 1-47

1.5　灵活创建选区

选择是 Photoshop 的核心，任何操作都离不开选择，所以 Photoshop 中几乎所有功能都与选择息息相关，例如蒙版、路径、通道、图层等。选择的方法很多，但总体上分为 3 大类：

（1）根据形状创建选区，如使用"矩形选框工具""套索工具""多边形套索工具""钢笔工具"等；

（2）根据颜色相似性创建选区，如使用"魔棒工具""快速选择工具"和【色彩范围】命令；

（3）根据黑白关系创建选区，例如，在蒙版或 Alpha 通道中，黑色代表不选择，白色代表选择，灰色代表不同程度的选择。

选择的过程就是创建选区的过程，灵活、精确、快速地创建选区，对数码照片后期处理工作至关重要，它影响着工作效率与最终的照片效果。所谓的选区就是被选中的区域，在 Photoshop 中表现为流动的虚线，也有人称之为"蚂蚁线"，因为它很像排成队的蚂蚁在前进。选区是浮动的，其形态既可以是规则的，也可以是不规则的。下面重点介绍几种选择工具的使用方法及选区的相关操作。

1.5.1 套索工具

在照片调色的过程中，"套索工具"的使用比较频繁，该工具可以创建自由形状的选区，其最大的特点是自由度高，但是这也导致了选择的不精确，所以当对选区要求不高时会使用它创建选区。

选择"套索工具"以后，在图像窗口中按住鼠标左键并拖动，然后释放鼠标左键，则鼠标拖动的轨迹自动形成选区，如图 1-48 所示。

图 1-48

"多边形套索工具"用于建立不规则的多边形选区。该工具的使用频率也非常高，经常用来选择一些边缘为多边形的对象。

选择"多边形套索工具"以后，在图像窗口中单击鼠标，确立第一个固定点，移动光标到合适的位置，再单击鼠标则确立第二个固定点，以此类推，最后双击鼠标或者返回到第一个固定点单击鼠标，则可创建多边形选区，如图1-49所示。

图 1-49

1.5.2 快速选择工具

"快速选择工具"基于画笔模式，通过拖动鼠标创建选区，它可以自动调整区域的大小，寻找对象边缘，从而创建选区。

选择"快速选择工具"，在工具选项栏中设置好画笔大小，然后在要选择的对象上拖动鼠标，这时 Photoshop 自动分析哪些该选择，哪些不该选择，如图1-50所示。

图 1-50

与"快速选择工具"一组的还有"魔棒工具"，该工具基于颜色的相似性建立选区，适合选择颜色比较接近的图像。

选择"魔棒工具"，在图像窗口中单击鼠标，可以选择与单击点颜色值相似的区域，如图1-51所示。

Tips

使用"魔棒工具"时，【容差】值影响所建选区的大小。值越大，选取颜色的误差越大，建立的选区越大；值越小，选取颜色的误差越小，建立的选区也越小。

图 1-51

在 Photoshop 中，【色彩范围】命令是根据颜色相似性创建选区的，执行菜单栏中的【选择】>【色彩范围】命令，则弹出【色彩范围】对话框，如图 1-52 所示，这时在图像窗口中单击要选择的颜色，并拖动【颜色容差】滑块，则可以控制选择范围的大小。

图 1-52

1.5.3 选区的加减

创建选区时，有时不能一步到位，有时要选择的对象中间存在空隙，没有办法一次完成选择，这时可以通过选区的加减完成操作。

当图像中已经存在选区时，利用功能键也可以完成选区的运算：按住 Alt 键建立选区，将减小选区；按住 Shift 键建立选区，将增加选区；按住 Alt+Shift 快捷键建立选区，将得到相交的区域，如图 1-53 所示。

图 1-53

1.5.4 选区的其他技巧

在 Photoshop 中处理照片时，随时都需要建立选区并对选区进行相关操作，如取消选区、重新选择、反选、移动选区等，其中大部分操作都可以使用快捷键来完成。前面主要介绍了几种常用选择工具的使用，除此以外，必须掌握一些与选区相关的其他操作。

反选： Shift+Ctrl+I。反选就是将选区与非选区互换，即原来的选区变为非选区，非选区变为选区。

取消选择： Ctrl+D。确保当前工具是选择工具，然后在选区之外单击鼠标，也可以快速取消选区。

重新选择： Shift+Ctrl+D。

隐藏选区： Ctrl+H。在调片过程中，隐藏选区可以更方便地观察图像，防止选区边线对视觉的干扰。

羽化选区： Shift+F6。通过设置羽化，可以有效地控制被调整图像边缘的过渡。

基于图层、蒙版、通道建立选区： 按住 Ctrl 键的同时单击图层、蒙版、通道的缩览图，可以快速建立选区。

1.6 图层与图层蒙版

　　图层是 Photoshop 中最基础、最重要的内容，除了要正确理解图层的概念，还要灵活熟练地操作图层。创作任何一个作品都离不开对图层的使用，没有图层，将无法进行数码照片的后期处理工作。所以我们必须熟练掌握一些基本的图层操作，如选择图层、新建图层、显示与隐藏图层、复制图层、合并图层、删除图层等。图层蒙版是编辑照片过程中不可缺少的利器，它可以在不破坏图像的前提下完成对图像的编辑。下面重点介绍一下图层的概念、操作以及图层蒙版的相关知识。

1.6.1 图层

　　初学者往往不太容易理解图层，其实很简单，这里举个例子来说明：可以把图层想象成透明的玻璃纸，在 3 张透明的玻璃纸上作画，透过上面的玻璃纸可以看见下面纸上的内容，我们在第一层玻璃纸上画个大圆圈，第二层玻璃纸上画个方框，第三层玻璃纸上再画个小圆圈，当从上向下看时，最终看到的图像如图 1-54 所示。

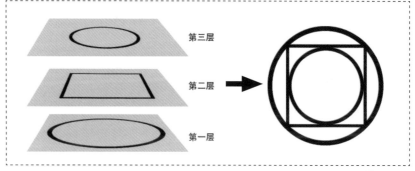

图 1-54

　　为什么要这样画呢？在一个图层中直接画不行吗？其实也是可以的。但是要知道，在 Photoshop 中进行操作时，难免会出现失误，一旦操作失误，修改起来非常困难。而利用图层则非常方便，哪一个图层画错了只需要单独修改就可以，图层与图层之间互不影响，因为各个图层都是独立的，在编辑与更改某个图层的时候，不会影响到其他图层，这是非常方便的。

　　Photoshop 提供了一个专门控制图层的面板，即【图层】面板，对图层的大部分操作都可以在这里完成。

　　默认情况下，启动 Photoshop 后会自动打开【图层】面板，如果没有打开【图层】面板，可以执行菜单栏中的【窗口】>【图层】命令（或者按下 F7 键），打开【图层】面板，如图 1-55 所示。

　　图层过滤器❶：使用它可以根据图层的属性过滤图层。当构成图像的图层比较多时，可以根据图层的"类型"进行过滤，例如文字图层、调整图层、形状图层等。另外，还可以根据图层的"名称""模式""效果""颜色"等进行过滤。这项功能对于在大量的图层中搜索到目标图层很有帮助。

　　混合模式❷：用于控制当前图层与其下方图层之间的混合效果。单击该选项，可以打开一个下拉列表，从中选择所需要的混合模式即可。

　　不透明度❸：该选项用于控制当前图层的不透明程度，数值越小越透明。

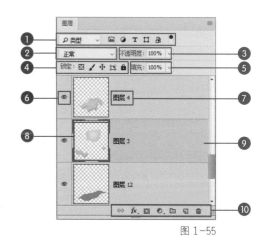

图 1-55

锁定选项❹： 该选项提供了 5 个按钮，分别是锁定透明像素、锁定图像像素、锁定位置、锁定画板、锁定全部。使用它们可以保护图层的全部或部分内容不被编辑或移动。

填充❺： 该选项用于设置填充颜色的不透明度，与前面的【不透明度】选项有着本质的区别。

指示图层的可见性❻： 用于显示或隐藏图层内容，当出现"眼睛"图标时，该图层中的内容将显示在图像窗口中，否则将隐藏该图层的内容。

图层名称❼： 每一个图层都有一个名称，默认的名称为"图层 1""图层 2"……如果需要修改名称，则在图层名称上双击鼠标，输入新的名称即可。

图层缩览图❽： 通过图层缩览图可以观察到该图层中的内容。

当前图层❾： 编辑图像时只能对一个图层进行操作，被编辑的这个图层就是当前图层，在【图层】面板中以淡灰色显示。

面板按钮❿： 这些按钮主要用于图层的常规操作，从左到右依次是链接图层、添加图层样式、添加蒙版、创建新的填充或调整图层、创建新组、创建新图层、删除图层。

1.6.2 图层的操作

新建图层： 当需要填充颜色或绘制内容时，一般都要新建图层。

在【图层】面板中单击【创建新图层】按钮，可以在当前图层的上方创建一个新图层，如图1-56 所示。如果按住 Ctrl 键的同时单击【创建新图层】按钮，则在当前图层的下方创建一个新图层。

图 1-56

选择图层： 在 Photoshop 中编辑图像时，只对当前图层有效，所以要合理选择图层。通常情况下，要操作哪一个图层，必须先选择该图层。在【图层】面板中单击某一个图层，则选择了该图层，被选中的图层以淡灰色显示。

选择图层时，按住 Shift 键分别单击两个图层，可以选择两个图层之间的多个连续图层；按住 Ctrl 键分别单击图层，可以选择多个不连续的图层，如图 1-57 所示。

图 1-57

盖印图层： 在调整照片的过程中，如果需要对调整后的效果进行整体处理，这时往往需要合并图层或盖印图层，而盖印图层可以不破坏原来存在的各个图层，将所有图层合并后置于一个独立的图层中。

盖印图层的快捷键是 Ctrl+Shift+Alt+E，如图 1-58 所示，"图层 3"就是盖印图层得到的，并且单独调整了色温。

图 1-58

删除图层： 处理图像时，对于一些不需要的图层，可以将其删除。

将光标指向要删除的图层，按住鼠标左键将其拖动到【删除图层】按钮上即可，如图 1-59 所示。

Tips

删除图层有以下 3 种方法：① 选择图层，单击【删除图层】按钮；② 选择图层，直接按下 Delete 键；③ 将要删除的图层拖动到【删除图层】按钮上，释放鼠标左键即可。

图 1-59

显示与隐藏： 在【图层】面板中单击某一图层前面的图标，可以控制该图层的隐藏与显示，眼睛图标表示该图层中内容可见，方框图标表示该图层中内容不可见。这样可以快速判断出图像所对应的图层，另外也可以对比照片在调整前与调整后的差别。

按住 Alt 键单击某一图层前面的眼睛图标，可以隐藏除该图层以外的所有图层，如果再次按住 Alt 键单击该图标则恢复原状。图 1-60 所示为第一次按住 Alt 键单击"背景"图层前面的图标的结果。

图 1-60

合并图层： 合并图层就是将两个或两个以上的图层合并为一个图层。在处理图像的过程中，需要及时地将处理好的图层合并，以释放更多内存。

同时选择多个图层，执行菜单栏中的【图层】>【合并图层】命令即可，如图 1-61 所示。

图 1-61

复制图层： 复制图层可以产生一个与原图层完全一样的图层副本。处理照片时，通常在调色之前需要复制一个图层以作备份。

将光标指向要复制的图层，拖动到【创建新图层】按钮上，即可复制该图层，如图 1-62所示。

图 1-62

1.6.3 图层蒙版

图层蒙版是一种无损编辑工具，它可以在不破坏原图像的前提下，实现图像的局部取舍或编辑。在数码照片后期处理过程中，图层蒙版是一项常用技术，它是一个 256 级色阶的灰度图像，蒙在图层的上面，起到遮盖图层的作用，而其本身是不可见的。在图层蒙版中，黑色对应的图像是不可见的，即隐藏当前图层的内容；白色对应的图像是可见的，即显示当前图层的内容；灰色对应的图像是不同程度的半透明效果。

如图 1-63 所示，"图层 1"的蒙版控制了该图层中图像的显示与隐藏。蒙版中的黑色区域对应了该图层图像的右侧，所以不可见；灰色区域对应着中间，所以是半透明的；而白色区域对应的左侧是可见的。这样，通过图层蒙版对"图层 1"的控制，实现了该图层与背景图层之间的混合效果。

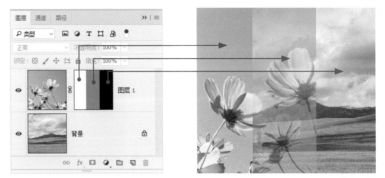

图 1-63

由此可见，图层蒙版为用户处理图像提供了一种十分灵活的手段。创建图层蒙版时分两种情况：一种情况是存在选区，单击【图层】面板下方的【添加图层蒙版】按钮，则只有选区内的图像可见，观察【图层】面板可以发现，在图层蒙版中，选区对应着白色，非选区对应着黑色，如图 1-64 所示；另一种情况是不存在选区，单击【添加图层蒙版】按钮，这时将为当前图层创建一个白色蒙版，图像窗口没有任何变化，如图 1-65 所示。

图 1-64

图 1-65

为图层添加了图层蒙版后，在【图层】面板中，该图层的右侧将出现蒙版缩览图。编辑图层蒙版时，首先要观察【图层】面板，判断当前编辑的对象是图层还是图层蒙版，依据是缩览图边缘是否有线框，如图 1-66 所示。

另外，如果当前编辑的是图层蒙版，在图像窗口的标签中也会有提示。

图层蒙版缩览图外围有个线框

图 1-66

编辑图层蒙版时，画笔工具使用最多，因为它操作比较灵活，如图 1-67 所示。使用画笔工具编辑蒙版的关键是设置画笔的大小、硬度、不透明度。

画笔大小影响编辑蒙版的速度与精度；画笔硬度影响蒙版边缘的柔和度，如果对象的边缘比较清晰，适合使用硬度大的画笔，如果对象边缘比较模糊，适合使用硬度小的画笔；画笔的不透明度影响编辑蒙版时隐藏或显示图像的程度。

图 1-67

编辑图层蒙版的另一个重要工具就是渐变工具，如图 1-68 所示，该工具的最大优势在于过渡均匀。

使用渐变工具编辑蒙版时有以下几个关键点：一是渐变色选用"前景色到透明渐变"，然后通过设置前景色为黑色进行控制；二是渐变类型多选用"线性渐变"；三是拖动鼠标的起止点要灵活，初学者需多加练习。

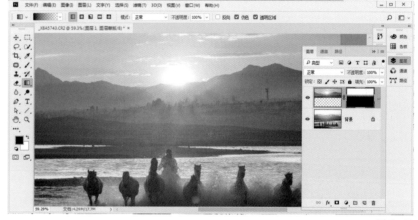

图 1-68

1.7 混合模式

处理照片时，经常会用到图层的混合模式，用于提高照片的对比度、锐度，改善高光或阴影的细节等，所以必须对图层的混合模式有所了解。图层的混合模式是将当前图层和下方图层混合，通过图像颜色之间的互相渗透，实现特殊的效果。

Photoshop 中提供了 27 种混合模式，同时还可以配合图层的不透明度、蒙版、滤镜等相关功能进行操作，所以图像效果异常丰富。混合模式的原理比较复杂，没有必要去追究其变化原理，通常在使用混合模式时逐一试验即可，哪一个效果好就使用哪一个。当然，掌握了其变化规律，将更有利于照片处理工作。在【图层】面板中打开混合模式下拉列表，可以看到所有的混合模式分为 6 组，这 6 组混合模式分别为正常混合、加深混合、减淡混合、对比混合、差值混合、着色混合。

正常混合：有两种混合模式，一是正常，二是溶解。默认状态为"正常"模式，此时上层图像不与其他图层发生任何混合，完全覆盖下层图像。选择"溶解"模式时，上层图像随机溶解到下层图像中，溶解效果与像素的不透明度有关。当上层图像完全不透明时，与"正常"模式无异，但是随着不透明度的降低，上层图像将以散乱的点状形式渗透到下层图像上。

加深混合：有 5 种混合模式，即变暗、正片叠底、颜色加深、线性加深和深色。它们有一个共同的特点，即滤掉上层图像中的白色，使下层颜色加深。这组混合模式中，最常用的是"正片叠底"模式，该模式将上、下两层图像叠加，产生比原来更暗的颜色。它模拟将多张幻灯片叠放在投影仪上的投影效果，使用它可以进行图像融合。在照片处理中，经常使用它来压暗过曝的照片，方法是将照片复制一层，然后设置该图层的混合模式为"正片叠底"，如图 1-69 所示。

图 1-69

减淡混合：有 5 种混合模式，即变亮、滤色、颜色减淡、线性减淡（添加）和浅色。它们的共同点是将上层图像中的黑色滤掉，从而使下层图像的颜色变亮。这组混合模式中，"滤色"模式是比较常用的一种模式，它与"正片叠底"模式恰好相反，可以使图像变得更亮，照片曝光不足时可以使用该模式加以纠正，如图 1-70 所示。

图 1-70

对比混合：包括叠加、柔光、强光、亮光、线性光、点光和实色混合 7 种混合模式，所有的混合模式也有一个共性，即可以滤掉上层图像中的灰色，从而使下层图像中暗的地方更暗，亮的地方更亮。这组混合模式主要用于改变图像的反差。其中，"叠加"与"柔光"模式最为常用，特别是在照片后期处理中常常用于加强照片对比度，方法是将照片复制一层，然后设置该图层的混合模式为"叠加"，如图 1-71 所示。

图 1-71

差值混合： 含有 4 种混合模式，即差值、排除、减去、划分。这组混合模式中的典型代表是"差值"模式，它比较上、下两层图像，然后用亮度高的颜色减去亮度低的颜色作为结果，当与黑色混合时不改变颜色，与白色混合时产生反转色。这种模式适用于模拟底片效果。而"排除"模式的作用与"差值"模式相似，但是对比度更低。

着色混合： 有 4 种混合模式，分别是色相、饱和度、颜色和明度，这组混合模式是基于 HSB 颜色模式进行工作的，它将上层图像的色相、饱和度、颜色和明度应用到下层图像上。这组混合模式中"颜色"模式较为常用，可以为黑白照片上色，或者制作单色调图像。它的作用就是将上层图像的颜色应用到下层图像上，而亮度与对比度不发生变化，如图 1-72 所示。

图 1-72

1.8 自由变换

　　处理风光照片时，自由变换操作主要用于照片的简单合成，例如更换天空、添加装饰元素等。自由变换操作包括缩放、旋转、斜切、扭曲、透视、变形等，但是使用比较多的是缩放、旋转、扭曲等操作，所以重点介绍这几种操作。执行菜单栏中的【编辑】>【自由变换】命令或者按下 Ctrl+T 快捷键，图像周围将出现变换框，变换框上有 8 个控制点，通过这 8 个控制点可以对图像进行自由变换。

1.8.1 缩放

　　将光标移到变换框的角部控制点上，当光标变为双箭头时拖曳鼠标，可以对图像进行缩放变换；按住 Shift 键的同时拖曳鼠标，则可以对图像进行等比例缩放，如图 1–73 所示。

Tips
按下 Enter 键，或者在变换框内双击鼠标，可以确认图像的变换操作。此时如果按下 Esc 键，则取消变换操作。

图 1–73

1.8.2 旋转

　　将光标指向变换框的外侧，按住鼠标左键拖动鼠标，可以旋转图像，并且显示旋转角度。按住 Shift 键拖动鼠标，则图像以 15° 为单位旋转，如图 1–74 所示。

Tips
除了可以按住 Shift 键将图像以 15° 的倍数旋转以外，在工具选项栏的【角度】选项中设置数值，可以旋转精确的角度。

图 1–74

1.8.3 扭曲

　　按住 Ctrl 键，将光标指向变换框角端的控制点，然后按住鼠标左键拖动，可以任意扭曲图像，如图 1–75 所示。

Tips
斜切也是一种变换操作，但是它的变换方向是受限制的，只能在一个方向上进行操作；而扭曲则不受任何限制，可以随意变换图像，操作更自由。

图 1–75

1.9 常见滤镜的使用

滤镜是 Photoshop 的核心，作为一款专业的图像处理软件，Photoshop 的滤镜功能达到了出神入化的程度，任何一幅图像经过适当的滤镜处理，都会出现令人惊讶的神奇效果。在风光摄影后期中滤镜的使用并不多，但是偶尔也会有一些应用。例如，使用滤镜可以模拟各种自然现象，如雪、雨、雾等；也可模拟摄影效果，如浅景深效果、移轴效果等；还可以实现画意效果，如油画、水彩、国画等。

1.9.1 高斯模糊

"高斯模糊"滤镜使用可调整的参数快速模糊选区中的图像，使图像产生一种朦胧效果。

执行菜单栏中的【滤镜】>【模糊】>【高斯模糊】命令，弹出【高斯模糊】对话框，其中只有一项参数【半径】，用于调整图像的模糊程度，如图 1-76 所示。

图 1-76

"高斯模糊"滤镜的应用很广,可以模拟浅景深效果、强化大光圈效果、编辑蒙版来替代选区的羽化,还可以配合"滤色"混合模式模拟柔焦效果,如图1-77所示。

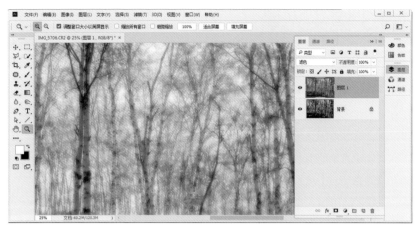

图 1-77

1.9.2 动感模糊

"动感模糊"滤镜可以沿特定方向,以特定强度模糊图像,使图像产生一种运动效果。

执行菜单栏中的【滤镜】>【模糊】>【动感模糊】命令,则弹出【动感模糊】对话框,其中【角度】用于设置运动的方向,【距离】用于调节模糊的强度,如图1-78所示。

图 1-78

利用"动感模糊"滤镜可以模拟追焦效果,表现运动的物体,例如飞驰的汽车、奔跑的骏马等。除此以外,可以利用该滤镜制作"耶稣光"、透过树林的光束、水中倒影等,也可以制作出具有意境的抽象画面,如图1-79所示。

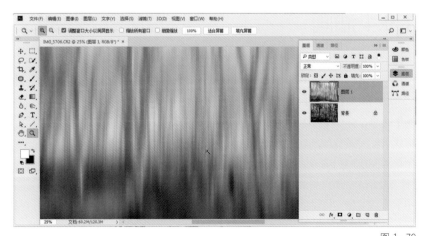

图 1-79

1.9.3 镜头光晕

　　"镜头光晕"滤镜可以模拟阳光照到相机镜头上所产生的眩光效果。

　　执行菜单栏中的【滤镜】>【渲染】>【镜头光晕】命令，弹出【镜头光晕】对话框，用户可以在对话框的预览框中单击鼠标或拖动十字线来确定光晕的中心，其中【亮度】用于控制光晕的亮度，【镜头类型】则用于选择不同的镜头效果，如图 1-80 所示。

图 1-80

　　处理风光照片时，"镜头光晕"滤镜经常结合图层的混合模式来渲染照片的氛围。

　　一般情况下，需要先建立一个图层并填充黑色，然后应用"镜头光晕"滤镜模拟出眩光效果，再将该图层设置为"滤色"混合模式。如果色彩氛围不够，再利用调色命令加以强化，如图 1-81 所示。

图 1-81

1.9.4 油画

　　"油画"滤镜可以非常逼真地将照片模拟出油画效果，简单易用，而且笔触非常细腻。

　　执行菜单栏中的【滤镜】>【风格化】>【油画】命令，弹出【油画】对话框，其中【描边样式】用于设置画笔描边的样式，【描边清洁度】用于控制笔触的细节，值越大，笔触越平滑，【缩放】用于控制笔触大小比例，【硬毛刷细节】用于设置笔触中毛刷的数量，【光照】用于设置光源的照射方向与强度，如图 1-82 所示。

图 1-82

1.9.5 锐化

锐化照片是数码照片后期处理的重要一环，Photoshop 提供了专门的锐化滤镜组。

执行菜单栏中的【滤镜】>【锐化】>【USM 锐化】命令，弹出【USM 锐化】对话框，其中【数量】控制锐化的强度，【半径】控制被锐化像素所影响的范围，【阈值】控制多大反差的相邻像素边界可以被锐化，如图 1-83 所示。

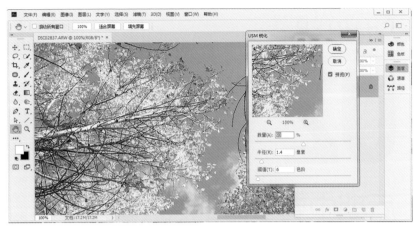

图 1-83

锐化滤镜组中的"智能锐化"滤镜提供了更多的控制选项，也是非常值得推荐的。

执行菜单栏中的【滤镜】>【锐化】>【智能锐化】命令，弹出【智能锐化】对话框，其中【数量】控制锐化的强度，【半径】控制锐化影响多少像素，【减少杂色】控制因锐化而产生的杂色，【移去】用于设置不同的锐化算法，在【阴影】和【高光】选项下分别设置【渐隐量】【色调宽度】和【半径】的值，可以减弱相应区域的锐化程度，如图 1-84 所示。

图 1-84

"高反差保留"滤镜可以在有强烈颜色转变发生的地方按指定的半径保留边缘细节，并且不显示照片的其余部分。利用这一特性，并结合图层的混合模式，可以达到锐化的目的。

打开一幅照片并复制一层，设置为"线性光"混合模式，然后执行菜单栏中的【滤镜】>【其他】>【高反差保留】命令，弹出【高反差保留】对话框，【半径】控制图像边缘的清晰度，如图 1-85 所示。

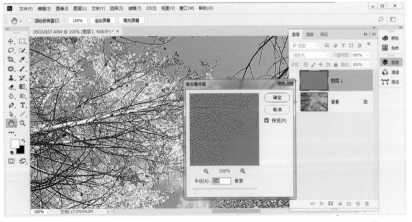

图 1-85

CHAPTER
02

后期中要考虑的几个方面

摄影后期永远服务于前期。后期不但可以提升照片的艺术感，而且可以解决摄影前期存在的问题，如进行构图方面的改进、白平衡的校正、天空惨白的处理、倾斜对象的扶正、冗余物的修除等。所以，对于数码摄影作品来说，前期与后期是不可分割、相辅相成的，广大摄影爱好者既要接受正确的后期观念，又要明确后期要解决的具体问题，这样才能做到有的放矢。本章将从若干方面分析风光摄影作品中可能存在的问题。

通过阅读本章您将学会：

分析照片的构图问题
从修图角度查找问题
从影调方面查找问题
从色调方面查找问题
分析照片的质感问题
从合成的角度分析照片问题

2.1 构图方面

摄影的过程就是通过镜头对主体、陪体、环境、光线、颜色进行合理安排与运用的过程，这个过程属于艺术创作过程，要求拍摄者具有良好的摄影常识与设备控制能力，同时还必须具有较好的艺术审美。有的人对相机的使用非常熟练，曝光也非常准确，但是拍出来的照片总是缺少一种艺术感，这往往是构图方面存在问题。

人们根据成功的摄影作品归纳总结出了一套构图经验，根据这些经验进行摄影创作，可以拍出非常漂亮的作品。例如，对称式构图、三分法构图、对角线构图、黄金分割构图、放射状构图、S形构图、"口"字形构图等都是一些比较成熟的构图方法。

其实，抛开这些表面的形式，摄影构图真正的法则是"均衡感、韵律感"。如果一张照片没有看点，不够吸引人，一方面可能是画面中没有主体，元素分布比较杂乱，缺少主次之分，另一方面可能是均衡感或韵律感方面有所欠缺。下面列举一些风光摄影作品中常见的构图问题，摄影初学者应该加以注意，这也是风光摄影后期中要解决的问题之一。

2.1.1 地平线不正

这是摄影初学者经常出现的问题，一是刚开始学摄影时端不平相机，二是拍摄时忽略了这一要点。这样会导致画面的美观性与可欣赏性受到一定的影响。在风光摄影中，地平线歪斜是摄影构图的最大禁忌。

地平线是天空与地面（或水面）相接的分割线，对照片中的画面起到划分的作用。在拍摄风光、海景或者建筑时，一定要确保地平线水平。水平的地平线表达的情绪主要是稳定和平静，给人一种归属感与安全感。

图 2-1

能在前期拍摄中确保地平线水平是最理想的。如果前期忽略了这个问题也不必担心，后期处理时有若干的解决方案可以帮助我们扶正地平线。如图 2-1 所示，地平线是歪斜的，而扶正以后，画面效果如图 2-2 所示。

> **Tips**
>
> 打开相机液晶监视器上的网格线，通过它可以很方便地确认画面线条是否平直。在取景时，让地平线与水平网格线平行，这样拍出来的照片，其地平线一定是水平的。

图 2-2

2.1.2 水平线过于居中

拍摄风光摄影作品时，当画面呈上下结构，并且存在显性（或隐性）的水平线（如地平线、海平面等）时，三分法构图是最基本的构图法之一。所谓的"三分法构图"，是指将画面横向分成三等份，每一等份内都可以放置主体内容，这种构图可以合理安排前景、中景、后景，画面简单干净，均衡舒适，可以营造宽阔、稳定、大气的氛围。

大多数情况下，画面中有水平线的构图要避免水平线过于居中，这是风光摄影构图的禁忌之一。一旦运用不好，就容易破坏构图的完整性，并使画面过于呆板，没有重点。如图2-3所示，这是一张典型的水平线运用错误的照片。天空中的云彩很漂亮，地面纹理也很有欣赏性，如果天空与地面各占画面的1/2，视觉上反而缺乏了重点。对于这张照片，假设要重点表达地面的纹理，那么天空部分可以少截取一些。

根据成功的摄影经验，在风光摄影中，如果天空非常美丽，往往会让天空占据2/3的画面，如图2-4所示。这幅照片中的天空云层比较漂亮，而山体部分除了绿树以外没有其他元素，并且颜色相对单调，不适合大面积留取。所以，拍摄时可以将天空保留2/3，将山顶的小亭子作为画面的趣味点，从而使照片在整体上取得较好的视觉平衡。

如果要表现的主体元素位于画面的下半部分，或者天空没有云彩，拍摄出来的天空容易

图 2-3

图 2-4

惨白，这时可以将水平线安排在上 1/3 的位置。如图 2-5 所示，这幅照片重点表现夕阳下的向日葵，主体对象是向日葵，构图时应将地平线安排在上 1/3 的位置，让向日葵占整个画面 2/3 的区域。

另外，任何事情都不是绝对的。如果我们所拍摄的景色是上下对称的，那么画面的 1/2 位置是水平线的最好归宿。当水平线居中时，这种构图方式也称为"对称构图"，风光摄影中主要用于拍摄水中倒影、建筑空间等。

图 2-5

2.1.3 主体不突出

一幅好照片要有一个能吸引注意力的主体。这是摄影的基本原则，风光摄影也是如此。如果希望自己拍摄的照片能够引人注目，那么照片当中一定要有亮点，这个亮点就是主体对象，它能够让人们的目光在照片上有"落脚点"，停留在画面中，否则观看者的目光是游离的。

其实，大家平时常说的"摄影是减法"就是强调突出主体，将一些不必要的元素隔离于画面之外。突出主体的方法很多，在前期拍摄中，可以利用大小、虚实、远近等对比关系强化主体对象，所以，构图时一定要合理地取舍。初学者总喜欢把自己感兴趣的东西都塞到一个画面中，从而导致画面中的主体不突出，如图2-6所示，这张照片就找不到主体，画面中各个对象的大小差别不大，无法锁定观看者的目光。如果相机的焦距够长，可以拉长焦距，只取其中的两只天鹅，将多余的对象都减去，这样既突出了主体，画面也变得干净简洁，如图2-7所示。如果由于设备或场地限制，无法得到完美的照片，可以通过后期裁切突出主体。

Tips

构图是形式美在摄影画面中的具体呈现，其基本原则是：画面均衡，主题突出，线条优美，秩序统一。不管采用什么样的构图方式，都要遵循这一原则。

图 2-6

图 2-7

要学习摄影构图，可以阅读专业的摄影书籍。这里是站在后期处理的角度，提出了一些可以在后期中解决的构图问题。通常情况下，借助 Photoshop 工具，利用后期手段对摄影作品进行构图方面的调整，就是平时所说的"二次构图"，目的是裁掉多余的对象，强化主体内容，弥补前期拍摄中的不足。但是必须注意，后期手段并不能解决所有的构图问题，例如构图过满、背景杂乱等。另外，前期能解决的问题不要留在后期解决，因为虽然可以二次构图，但是裁剪照片会导致图像总像素数变少，无法保持照片原有的尺寸。

2.2 修图方面

这里所说的"修图"是指修除照片画面中的冗余物。在拍摄风光摄影作品时，有时由于条件的局限，画面中难免会出现一些不必要的元素，这些不必要的元素通常称为"冗余物"。在对照片进行后期处理时，必须将冗余物修掉，确保画面简洁干净，主体突出。所以，修图是摄影后期的主要工作之一。对于风光摄影作品来说，照片中出现冗余物的情况大概有以下几个方面。

一是拍摄含有动态对象的风光时，很难保证在按下快门的瞬间不出现多余的对象，例如拍摄海鸥、天鹅、奔马等。有时为了确保一次拍摄成功，会使用快速连拍的方法，这样难免会出现多余的对象。

二是拍摄含有水面的风光时，水面上可能会存在一些无法清理的对象，这时只能通过后期修图对画面进行改善，例如拍摄残荷、浅滩、池塘等，就会有这种情况出现。

三是拍摄一些景区风光时，画面中有时会出现生活设施或者游览者，例如大家经常拍摄的婺源油菜花，如果机位有问题，画面中就会出现电线或游人的身影，这些内容都应该在后期修掉。

四是场地或镜头的限制，导致画面中出现多余的对象，例如远处的景色很美，但是镜头的焦距不够，这时周边的对象就会闯进画面，后期处理时必须进行修整。

五是设备本身存在缺陷，例如 CMOS 出现霉斑，镜头上有灰尘，都会导致摄影作品的画面不干净。

以上只是列举了一些常见的情况，在摄影的过程中总会有各种各样意想不到的情况，从而导致画面出现冗余物。所以，对照片进行后期处理时，修图是必不可少的。图 2-8 所示是一幅含有动态对象的风光作品，画面中的羊群是动态的，在按下快门的瞬间，由于羊的走动导致一部分羊只被拍到了局部。为了画面更加整洁，需要修掉一部分羊，效果如图 2-9 所示。

Tips

从后期技术上说，必须掌握两种修图技巧：一是智能修图，即利用修补工具、内容识别填充等方法进行修图；二是用覆盖法修图，即结合图层与蒙版，使用理想区域的图像覆盖需要修补的区域。

图 2-8

图 2-9

2.3 影调方面

摄影是光与影的艺术，影调的好坏是衡量摄影作品的重要指标之一。对摄影作品而言，"影调"又称为基调，是指画面的层次、虚实对比和色彩明暗等关系。通过这些关系，欣赏者可以感觉到光与影的变化。单纯从明暗关系上来说，摄影作品的影调可分为高调、低调和中间调。

高调作品给人以光明、纯洁、轻松、明快的感觉，比较适合于表现风光摄影中的恬静或商业摄影中的素雅；低调作品给人以坚毅、稳定、沉着、有力的感觉，但有时也让人感到黑暗与沉重，比较适合表现风光摄影中的废墟、古建筑，人文摄影中的老人或陈旧的环境等。相对来说，风光摄影作品中的高调与低调作品比较少，大部分都是中间调的摄影作品，中间调具有独特的魅力，性格特征不是很明显，但是画面层次丰富、细腻，用中间调来表现大自然的景观是非常理想的。所以，日常生活中见到的风光作品绝大多数都属于中间调作品，如图 2-10 所示。

图 2-10

　　一张数码照片褪去色彩后，则完全靠黑白影调来表现画面，这时，影调的重要性愈加突出。在计算机图形学中，为了表现黑白之间的明暗对比，由黑到白分成了 256 个亮度级别，并且使用 0~255 的数值来表示，0 代表黑色，255 代表白色，0 到 255 之间的数值代表不同程度的灰色。在摄影中，可以将这个数值范围理解为影调范围，借助 Photoshop 中的直方图工具可以查看照片的影调范围，如果中间调过渡中没有缺失的影调，则直方图上的图形是连续的。绝大多数情况下，照片的影调是连续的，也就是说，由黑到白之间都有不同亮度的像素分布，如图 2-11 所示。通过直方图可以看到照片的影调范围。

　　在后期处理的过程中，一般都需要适当地调整照片的影调，提亮暗部以呈现更多的细节，高光不宜过曝，将照片的光比控制在一个合理的范围之内，使整个影调范围内均有连续的像素分布，从而表现出层次丰富、质感细腻的效果。这是风光摄影后期中处理影调的一个基本原则。并不是所有的风光摄影后期都要提亮暗部，减小光比。对于一些特殊表现形式的风光摄影（如剪影、高调作品），在处理影调时要遵循这类作品的艺术规律。例如，图 2-12 所示为剪影作品，在后期处理时，不但不能提亮暗部，反而要进一步强化暗部，从而使剪影效果更加突出。

Tips

从后期技术角度来说，照片影调的控制可以由"曲线"调整命令、混合模式来完成。但是最好用的工具是 Camera Raw，用户在【基本】参数面板中通过调整曝光、对比度、高光、白色、阴影、黑色等参数，就可以自如地控制照片的影调。

图 2-11

图 2-12

2.4 色调方面

所谓"色调"，是指照片画面的色彩倾向，也就是照片色彩的主旋律，色调不是指颜色的性质，而是对一幅摄影作品整体颜色的概括评价，虽然一幅摄影作品中有多种颜色，但是总体上会有一种色彩倾向，即偏暖或偏冷。不同的色调对人的心理有着不同的影响。所以，无论是风光摄影还是人像摄影，色调的处理都是后期中的重头戏。就风光摄影后期而言，色调方面需要解决两大问题：一是色彩的处理，二是色调的强化。

2.4.1 色彩的处理

下面讲一下为什么要对风光摄影作品进行色彩处理。

第一，当我们采用 RAW 格式拍摄照片时，由于 RAW 格式保留了传感器捕捉到的所有原始图像信息，暗部与亮部细节都得以保留，而且反差比较低，反映在显示器上的效果就是颜色暗淡，灰蒙蒙的，缺乏生机。所以在后期处理中需要对颜色进行去灰处理，提高颜色的饱和度，让画面焕发生机，加强视觉效果。

第二，拍摄条件的局限也是影响画面色彩的重要因素，比如天气不好、光线不足、空气污染等，这些自然条件会影响画面的

图 2-13

图 2-14

色彩还原，导致画面不通透，色彩的饱和度不够，因此，要通过后期手段对色彩加以提纯，使之更干净，更通透。

第三，拍摄技术不好也会导致画面色彩不理想，因为拍摄时相机的感光元件、曝光、参数设置不同，照片中的色彩往往与真实环境的色彩有着很大的不同，所以，必须通过后期调整，找回真实的色彩。从拍摄技术的角度来说，经常出现的问题是白平衡错误、曝光不足或者过曝，这都影响着照片画面的色彩效果。如图 2-13 所示的照片，曝光略欠，再加上天气的原因，色彩很沉闷；图 2-14 所示则进行了后期处理，提高了颜色的饱和度。通过对比可以看出，对于风光摄影作品来说，校正与提纯画面的色彩是非常必要的。

2.4.2 色调的强化

色调有冷暖之分，不同的色调能引起人们不同的情感反应。暖色调往往让人感到亲近、热情、温暖，有前进感和扩张感；而冷色调让人感到疏远、平静、寒冷，有后退感和收缩感。风光摄影作品画面的色调直接影响着观看者的情绪，并唤起他们内心的共鸣。

橙色：橙色是红、黄之间的过渡色，属于暖色调，能够向人们传递温暖、成熟、辉煌、灿烂等情绪。风光摄影作品中的日出或日落景象、都市夜景、秋色、沙漠等都可以强化这种色调，如图 2-15 所示。

蓝色：蓝色是极冷的色调，能够向人们传递深远、博大、冷静、悠远等情绪。大多数风光摄影作品需要体现这种情绪，所以我们看到最多的风光摄影作品都是蓝色调，如海景、雪山、蓝天。

绿色：绿色居于冷暖色的分界线上，加黄色则偏暖，加蓝色则偏冷，其刺激性不大，向人们传递的是温和、放松、青春、希望等情绪。在风光摄影作品中，绿色调也是常见的一种类型，它可以让画面充满通透、清新的感觉，如夏日草原。

紫色：紫色属于偏冷的色调，在风光摄影作品中，紫色并不多见，除了自然环境本身具有的紫色以外，我们可以通过后期手段将画面调整为紫色调，来传递神秘、浪漫、梦幻、动人的情绪，如图 2-16 所示。

图 2-15

> **Tips**
>
> 风光摄影作品的调色原则是源于真实，高于真实。源于真实是指照片的色彩要源于自然，真实可靠；高于真实则是指照片的色彩在真实自然的基础上有所突破，比如颜色更纯净，色调更突出，这样的风光照片才更有艺术欣赏性。

图 2-16

2.5 质感方面

质感是指生活中的物品在材质、质量上带给我们的视觉或触觉感受。通常情况下，照片质感是指画面中的元素或色彩传达的一种综合视觉效果，它包含了画面元素的纹理、质地、颜色、细节、明暗、锐度等多方面的因素。前期拍摄对于照片质感的表现是非常重要的，一般需要满足 3 个条件。

第一，焦点要准确，不能虚焦。

第二，合理运用光线，通过光线的明暗勾勒出拍摄对象的细节与软硬。

第三，曝光要准确，过曝与欠曝都会影响画面的质感。

如果前期拍摄已经定局，也可以利用后期手段加强照片的质感。在 Photoshop 中，通过调整照片的对比度、锐度、曝光、颜色等参数，能够让画面表现出更丰富的细节，有效地去除画面中的"灰"，让照片看起来更加清晰、有质感。照片质感是后期处理过程中必须重视的一个方面。图 2-17 所示是原片，质感比较差，而处理后的效果如图 2-18 所示，照片的质感明显加强。

图 2-17

图 2-18

2.6 合成方面

对于风光摄影而言，合成似乎与之没什么关系，其实不然。合成依然是风光摄影后期中非常重要的一项工作，合成并不是一些摄影人认为的"造假"，而是摄影中不可缺少的一部分，例如 HDR、全景接片、艺术再创作等都需要对原片进行合成操作，所以，必须正确对待摄影后期中的合成问题。在风光摄影后期中，主要有 3 种情况需要考虑后期合成。

2.6.1 天空惨白

天空是风光摄影的主要元素，相信大多数摄影爱好者在拍摄风光作品时首先考虑的一个问题就是天空中有没有云彩，云彩有没有层次，其次会选择拍摄时间，确保能够拍到美丽的天空。事实上，天气并不会因为我们喜爱摄影就眷顾我们。所以，当看到天空曝成一片白色的照片时，完全没有必要大惊小怪。在大光比的场景下，这是正常的。不过，通过后期合成可以解决这个问题，例如机位不动，为主体元素测光拍摄一张照片，再为天空测光拍摄一张照片，然后通过后期将这两张照片合成在一起，就可以确保天空不再惨白。另外，如果天空中万里无云，也可以使用其他素材对照片进行换天处理，如图 2-19 所示，这张照片的天空虽然有一丝色彩，但是缺少层次，而替换了天空以后，画面氛围凸显，更加突出夕阳效果，如图 2-20 所示。

图 2-19

2.6.2 HDR 合成

HDR 是英文 High-Dynamic Range 的缩写，意思是高动态范围。它是一种纯粹的计算机图像技术，最初完全是由计算机生成虚拟图像。后来，人们开发出了从不同曝光范围的照片中生成 HDR 图像的方法。与普通数码照片相比，HDR 图像可以提供更大的动态范围和更多的

图 2-20

图像细节，简单地说，就是让照片无论高光还是阴影部分的细节都很清晰，尽量使照片的效果接近人眼观看真实环境的视觉效果。

在大光比环境下拍摄，普通相机因受到动态范围的限制，不能记录极亮或极暗处的细节，但是经过 HDR 处理的照片，即使在大光比情况下，高光与阴影区域也能够表现出丰富的层次，所以，HDR 摄影作品的特点就是色彩丰富、层次细腻。目前，很多相机都具有 HDR 功能，但是效果并不理想，所以通常的做法是，对同一场景进行包围曝光，然后在 Photoshop 中或者专用的 HDR 工具中进行 HDR 合成，从而得到理想的 HDR 作品。图 2-21 所示是通过包围曝光拍摄的 5 张照片，图 2-22 所示为在 Photoshop 中进行 HDR 合成的最终效果。

图 2-21

图 2-22

2.6.3 全景接片

对于较大的风光场景，为了获取更丰富的画面元素，一般会采用广角镜头进行拍摄。但是广角镜头的局限也是明显的：一是画面畸变大，后期校正后，画面内容会被裁剪掉；二是广角镜头的跨度是有限的。所以，全景接片是广大摄影爱好者非常青睐的一项技术。拍摄全景照片时，前期拍摄最基础的技巧就是要保证相机的水平以及无差别的曝光，所以拍摄的时候要注意镜头参数保持相同，相机的位置要保持不变，只改变拍摄方向。图2-23所示为两张原片，接片后的效果如图2-24所示。

Tips

拍摄全景照片的前期要点如下。

（1）利用三脚架固定相机，并保持相机水平。

（2）采用竖幅拍摄，尽量增大接片后的高度，防止画面细长。

（3）采用中焦比较理想，可以保证被拍摄对象变形最小，拍摄过程中千万不要变焦。

（4）手动曝光，保持相同的曝光值，防止接片后明暗不均。

（5）确保相邻的照片存在重合部分，并达到25%的重合率。

图 2-23

图 2-24

CHAPTER
03

风光摄影后期的简单处理

学习摄影是一个追求技术与艺术的过程，只有通过对前期与后期的综合运用，才能创作出有一定视觉美感的作品。尤其是风光摄影，天气、拍摄技术、场地局限、拍摄时间点等因素，可能会导致相机拍出来的作品与想要的效果存在一定的差距。另外，数码相机在色彩还原能力上也达不到人眼的精度，所以，后期加工是非常必要的。对于刚刚接触摄影后期的朋友来说，本章介绍的一些基本方法会让您的摄影作品焕然一新。

通过阅读本章您将学会：

二次构图的技法
扶正地平线倾斜的照片
修除风光照片中多余的对象
校正建筑摄影中的畸变
快速设置简单的边框

3.1 二次构图的基本技法

构图是摄影的基础，一幅成功的摄影作品必然有着完美的构图。而无论多么优秀的摄影师都不能保证每一幅作品完美无瑕，偶尔出现构图不到位的现象是十分正常的。出现这种问题的原因是多方面的，如镜头的限制、机位的局限、场景的不可调整等。因此，在后期处理过程中对照片进行适当的剪切，可以改进照片的构图，使照片更加完美，这一过程就是二次构图。但是，如果拍摄时构图太满，会增加二次构图的难度，这是要特别注意的一点。

3.1.1 按比例裁剪

大多数情况下，二次构图都是对照片进行裁切。要对照片进行裁切，必然会涉及"裁剪工具"，利用它可以解决构图不理想的问题，也可以改变构图形式，例如将横版照片变为竖版照片、改变照片的视觉中心等。使用"裁剪工具"时，可以在工具选项栏中将"视图"设置为"三等分"，这时照片中将出现三分法构图网格，在裁剪照片的时候可以参照网格，非常方便。

STEP 01 启动 Photoshop 软件，打开要处理的照片，这张照片的构图过于松散，需要进行二次构图。选择"裁剪工具"，并在工具选项栏中选择【使用经典模式】选项，如图 3-1 所示。

Tips

这里使用了"裁剪工具"的经典模式，即以前的工作方式。如果采用了默认设置，选择"裁剪工具"以后不需要拖动鼠标，直接调整裁剪框即可。

图 3-1

STEP 02 在图像窗口中从左上角到右下角拖动鼠标，创建一个与照片大小一致的裁剪框，然后按住 Shift 键，向内拖动裁剪框角端的控制点，这样可以保证裁剪后的照片与原照片保持相同的比例，如图 3-2 所示。

Tips

在"比例"下拉列表中选择"原始比例"选项，这样调整裁剪框时不需要按住 Shift 键，就可以保证比例不变。

图 3-2

STEP 03 如果要按其他比例裁剪照片，可以在"比例"下拉列表中选择预设的比例，如16：9，然后重新调整裁剪框即可，如图3-3所示。

STEP 04 在裁剪框内双击鼠标，或者按下 Enter 键，即可裁剪照片，完成二次构图，从而使画面重点更加突出，如图3-4所示。

图 3-3

图 3-4

3.1.2 竖版改横版

在拍摄风光摄影作品时，经常一拍就是几百张，经过筛选后发现令人满意的并不多，但是有的片子弃之可惜，也许变换一下构图方向就会有不同的感觉。使用"裁剪工具"可以轻松地将照片由横版变成竖版，也可以由竖版变成横版。不过这是以牺牲画面尺寸为代价的，换句话说，这样只是截取了照片中的一部分。下面我们学习如何进行操作。

STEP 01 启动 Photoshop 软件，打开要处理的照片。选择"裁剪工具"，在图像窗口中从左上角向右下角拖动鼠标，创建一个与照片大小一致的裁剪框，如图 3-5 所示。

Tips

在 Photoshop 中，还可以使用【裁剪】命令来裁剪照片。操作比较简单，使用矩形选框工具在照片中选择要保留的部分，然后执行菜单栏中的【图像】>【裁剪】命令即可。

图 3-5

STEP 02 在工具选项栏中单击【高度和宽度互换】按钮，则裁剪框由竖向变成横向，并且长宽比不变，这时只要按住 Shift 键调整裁剪框大小即可，如图 3-6 所示。

STEP 03 在裁剪框内双击鼠标，或者按下 Enter 键，即可更改版面方向，完成二次构图。

图 3-6

3.1.3 用扩展法构图

在前期拍摄过程中，如果构图比较松散，通过裁剪可以完成二次构图，缺点是会损失一点画面尺寸，不过现在的数码相机成像的像素都比较高，有时将照片裁掉一部分也无伤大雅。如果前期构图比较满，在二次构图时就不能再继续裁剪了，而要想办法将画面向外扩展一点。这好像天方夜谭，不过，令人兴奋的是 Photoshop 从 CC 2015.5 开始就具有了这样的功能。

STEP 01 打开要处理的照片，这张照片在取景时底部空间太小，需要向外扩展一下。选择"裁剪工具"，并在工具选项栏中取消选择【使用经典模式】选项，选择【内容识别】选项，如图 3-7 所示。

Tips

"裁剪工具"的【内容识别】功能是 CC 2015.5 版本才具有的，并且不能使用经典模式。这是我们在操作时要特别注意的，否则可能得不到所需效果。

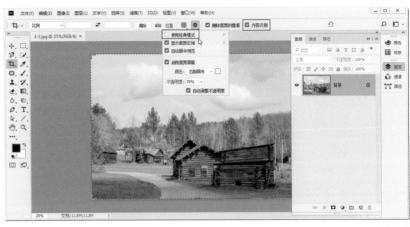

图 3-7

STEP 02 在图像窗口中单击鼠标，自动出现与照片大小一致的裁剪框，将光标指向裁剪框下边缘中间的控制点，按住鼠标左键向下拖动控制点，扩展出需要的大小，如图 3-8 所示。

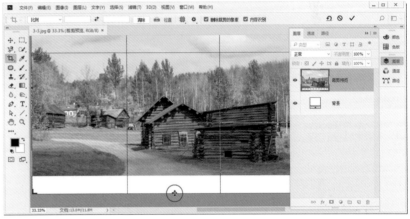

图 3-8

STEP 03 在裁剪框内双击鼠标，或者按下 Enter 键完成裁剪操作。这时可以惊奇地发现，扩展出来的部分被填充了相应的图像内容，非常智能，如图 3-9 所示。

Tips

"裁剪工具"的【内容识别】功能不是万能的，虽然能够自动感知并填充图像内容，但有时填充效果并不能令人满意，还需要对图像进行进一步修饰。通常情况下，对于天空、草地、水面、沙滩等具有不规则纹理的图像，效果较为理想。

图 3-9

3.1.4 改变主体位置

　　进行二次构图时，大多数情况下都是将原照片裁小。但是有的影友会要求二次构图时不改变画面尺寸，正是因为有这样的市场诉求，Adobe 公司才不断完善 Photoshop 的功能，如前面介绍的裁剪工具的内容识别功能。除此以外，内容感知移动工具也是二次构图的一个利器，它是一个智能工具，只要选择照片中的某个物体，然后移动到其他位置，经过 Photoshop 的分析计算，便可以智能填充原来的位置。

STEP 01 打开要处理的照片，这幅照片中的主体过于居左，而且方向朝左，视觉空间受到限制。如果将其移动到画面的右 1/3 位置上，视觉效果会更好一些。选择工具箱中的"内容感知移动工具"，沿着主体对象的边缘创建选区，如图 3-10 所示。

图 3-10

STEP 02 将光标置于选区内，按住鼠标左键向右拖动选择的对象到目标位置，然后释放鼠标左键，这时对象的四周将出现变换框，用户可以缩小或者放大对象，如图 3-11 所示。

Tips

Photoshop 的智能工具越来越多，从最初的"污点修复画笔工具"、【填充】命令的【内容识别】选项，到"内容感知移动工具""裁剪工具"的内容识别功能，修图工作变得越来越简单。

图 3-11

STEP 03 在变换框内双击鼠标，或者按下 Enter 键，则系统自动分析图像，利用背景填充原来的区域，非常智能。但是移动后对象的边缘并不一定理想，需要使用修补工具、仿制图章工具进行仔细的修饰，最终效果如图 3-12 所示。

图 3-12

Tips

"内容感知移动工具"是 Photoshop CS6 就具有的一个智能工具，其作用是将图像移动或复制到另外一个位置，但是它与"移动工具"不同，移动图像之后，系统会自动填充因移动而产生的空白区域。需要注意的是，并不是所有的照片都适合使用"内容感知移动工具"移动主体对象，一般它对于具有草地、马路、水面等不规则纹理的照片比较实用。另外，移动后图像的边缘还需要使用修补工具进一步处理。

3.1.5 用修补法构图

在不改变原照片尺寸的前提下进行二次构图时，使用"内容感知移动工具"进行处理确实很方便，但是它无法适用于所有类型的照片，只对于背景环境不规则（如草地、马路、沙滩等）的照片比较好用。如果有的照片需要二次构图，但是使用"内容感知移动工具"又无法实现，那该如何解决呢？下面介绍用修补法构图，它可以确保画面尺寸不变。

STEP 01 打开要处理的照片。这张照片的左侧拍上了游客，如图 3-13 所示。如果将游客裁掉，照片尺寸会变小，为了确保照片尺寸不变，可以将游客修掉，也可以在将照片复制一层后，将复制的图像左移一点。

图 3-13

STEP 02 按下 Ctrl+J 快捷键复制"背景"图层，得到"图层 1"，使用"移动工具"向左移动"图层 1"中的图像，将游客恰好调整到画面之外，如图 3-14 所示。

Tips
移动"图层 1"中的图像时，要确保天空与地面相接的水平线与"背景"图层的图像对齐。

图 3-14

STEP 03 为"图层 1"添加图层蒙版，设置前景色为黑色，使用"画笔工具"在图像窗口中沿着有明显拼接痕迹的位置进行涂抹，使痕迹消失，如图 3-15 所示。

Tips
这种二次构图的方法从严格意义上来说是一种修图技术。当画面取景不足、画面边缘有冗余物，或者主体对象位置不理想时，都可以运用这种思路去调整构图，操作时会综合运用到 Photoshop 的各项技术。

图 3-15

3.2 扶正倾斜的水平线

在拍摄照片的过程中，由于拍摄者所站的位置不好或者其他因素，如相机端不平、拍摄空间狭长、不利于正面拍摄等，都有可能造成照片倾斜。如果不是刻意为之，一般都需要校正。Photoshop 提供了多种校正倾斜的方法，而且操作比较简单，几乎可以一步完成。

3.2.1 在 ACR 中处理

作为一款处理 RAW 格式照片的专业 Photoshop 插件，ACR 的功能越来越强大，它不但可以完成基本的照片调整工作，而且可以进行简单的修图、裁片操作。如果拍摄的照片地平线倾斜，打开照片时利用 ACR 就可以进行校正。

STEP 01 打开要处理的照片。如果是 RAW 格式，则弹出 ACR 对话框，在工具栏中双击"拉直工具"，这时将出现一个旋转了一定角度的裁剪框，如图 3-16 所示。仔细观察可以发现，地平线与裁剪框的长边线是平行的，在裁剪框内双击鼠标即可。

Tips
如果打开的照片不是 RAW 格式，而是 JPEG 格式，请参照 1.3.2 的内容进行设置。完成设置后，同样可以弹出 ACR 对话框。

图 3-16

STEP 02 如果觉得自动校正不理想，也可以选择"拉直工具"，在 ACR 预览窗口中沿着地平线拖动，如图 3-17 所示，然后释放鼠标左键，这时也会生成一个裁剪框，在裁剪框内双击鼠标即可。

图 3-17

3.2.2 使用裁剪工具

如果在 ACR 中忘记了校正地平线也没有关系。Photoshop 为用户提供了很多解决方案，其中最方便的就是利用"裁剪工具"中的【拉直】选项，该选项是 Photoshop CS6 版本新增的功能，可以在二次构图时直接校正倾斜的照片，具有快速、方便、准确的优点，一步完成，省去了裁切步骤，非常实用。

STEP 01 启动 Photoshop 软件，打开要处理的照片。选择工具箱中的"裁剪工具"，在工具选项栏中单击【拉直】按钮，然后在照片中沿着地平线拖动鼠标，拉出一条直线，如图 3-18 所示。

图 3-18

STEP 02 释放鼠标左键以后，则照片上的裁剪框自动倾斜，并且长边线与地平线平行，如图 3-19 所示。最后按下 Enter 键确认操作，则倾斜的照片得到了校正。这是一种值得推广的方法，快速有效。

> **Tips**
>
> 执行菜单栏中的【滤镜】>【镜头校正】命令，也可以校正地平线倾斜的照片。该对话框中"拉直工具"的用法与上述方法类似，并且可以自动裁剪照片的多余内容。

图 3-19

3.2.3 使用标尺工具

"标尺工具"是一个辅助工具，用于测量点的坐标、两点之间的距离或者角度，它也可以用于校正倾斜的照片。不过现在看来，它已经不是最佳方法，因为校正照片以后还需要再进行裁剪操作。当用户选择了"标尺工具"以后，在工具选项栏中可以看到【拉直图层】按钮，该按钮可以帮助我们将倾斜的照片校正。

STEP 01 启动 Photoshop 软件，打开要处理的照片。这里仍然以同一幅照片为例进行讲解，这幅照片中的地平线是倾斜的，需要进行必要的校正。选择工具箱中的"标尺工具"，这时工具选项栏中的【拉直图层】按钮是灰色的不可用状态，如图 3-20 所示。

图 3-20

STEP 02 沿着地平线拖动鼠标，拉出一条测量线，这时工具选项栏中的【拉直图层】按钮变为可用状态，如图 3-21 所示。单击该按钮，就可以校正照片。

Tips

使用"标尺工具"拉出一条测量线后，执行菜单栏中的【图像】>【图像旋转】>【任意角度】命令，也可以校正照片。

图 3-21

STEP 03 由于照片发生了旋转，四角出现了空白，必须进行裁剪。所以要选择"裁剪工具"，适当地将空白区域剪除，如图 3-22 所示。

STEP 04 最后按下 Enter 键确认裁剪操作，可以看到照片得到了很好的校正。这种方法也不错，但是相对前面的两种方法，操作上略微有一些烦琐。

图 3-22

3.2.4 使用透视裁剪工具

　　"透视裁剪工具"在风光摄影作品的后期处理中基本上使用不到。但在这里还是要重点介绍一下这个工具。因为很多影友经常参观画展、影展等，对于一些好的作品会翻拍下来作为学习资料，有些时候可能受到场地或其他因素的局限，拍出来的照片存在透视变形问题。这个问题可以在后期利用 Photoshop 中的"透视裁剪工具"进行解决。

STEP 01 启动 Photoshop 软件，打开要处理的照片。这是在朋友家翻拍的一张水彩画，由于拍摄角度的问题，照片中的画面产生了透视变形，需要进行校正。选择工具箱中的"透视裁剪工具"，如图 3-23 所示。

图 3-23

STEP 02 在画面内侧的 4 个角处依次单击鼠标，创建一个透视裁剪框，创建透视裁剪框以后，如果不够精确，可以放大显示图像，分别调整四个角上的控制点，力求位置精确，如图 3-24 所示。

图 3-24

STEP 03 最后按下 Enter 键或者在裁剪框内双击鼠标，确认操作，则具有透视变形问题的照片得到了校正，如图 3-25 所示。

图 3-25

Tips

完成透视裁剪操作以后，如果画面比例发生变化，还需要使用"自由变换"功能进行适当的调整，使画面比例正常。

3.3 风光照片的修饰

修饰照片是后期处理中的重要一环，对于风光摄影作品也是如此，无非比人像摄影后期中的修饰相对简单一些，但却必不可少。比如风光摄影作品中的水面、草地，如果有垃圾或杂物等，需要将其修掉；再如风光摄影作品中有动态的元素，抓拍时可能造成部分残缺或多余，这时也需要将其修掉。总之，影响画面美观而在前期拍摄中又无法避免的元素，一定要在后期中进行修饰，这样可以使摄影作品的画面更干净、美观，更能传情达意。

3.3.1 神奇的修补工具

"修补工具"最大的优势在于它可以建立选区，而且建立的选区既可以作为被修补的对象，也可以作为用于修补的对象，当我们将选区拖动到一个位置以后，选区的边缘会与周围像素进行融合，修补后的效果非常自然。

STEP 01 启动 Photoshop 软件，打开要处理的照片。这幅照片中有很多影响画面美观的元素，需要将其修掉，如图 3-26 所示，红线框中的内容都要修掉。

图 3-26

STEP 02 选择工具箱中的"修补工具"，在工具选项栏中设置【修补】方式为"内容识别"，在图像窗口的左下角拖动鼠标，选中白色垃圾，如图 3-27 所示。

Tips

"修补工具"也具有选择的功能，选择该工具以后，可以像使用套索工具一样，按住左键拖动鼠标，选择要修补的区域。

图 3-27

STEP 03 将光标置于选区内，按住鼠标左键拖动到比较理想的位置，释放鼠标左键，则白色的垃圾被修掉，如图 3-28 所示。目标位置的选择非常重要，一定要与被修复位置的纹理类似，否则效果不理想。

图 3-28

STEP 04 在工具选项栏中设置【修补】方式为"正常"，并选择【源】选项，在图像窗口中选择要修掉的元素，如图 3-29 所示，然后将光标置于选区内，按住鼠标左键拖动到比较理想的位置，释放鼠标左键即可。

图 3-29

STEP 05 用同样的方法，将画面中多余的元素全部修掉，最终效果如图 3-30 所示。

> **Tips**
>
> "修补工具"有两种修图方式，一种是"正常"，另一种是"内容识别"。两种修图方式的操作方法相同，只是对图像的处理效果不一样。内容识别会根据选区周围像素的分布情况，将修补后的区域变成接近周围的样子。

图 3-30

3.3.2 快速修除电线

风光摄影作品中经常会出现不可避免的电线，影响画面的美观。在后期处理时，利用 Photoshop 中的"污点修复画笔工具"可以快速地修除电线，简单易行。

"污点修复画笔工具"比任何一种修复工具都更加智能、简单，用户几乎不需要设置参数，直接单击鼠标或者拖动鼠标，就可以修掉污点或线条，效果非常自然。在修复的过程中，"污点修复画笔工具"自动从所修饰的图像周围进行取样，并且对光照、纹理进行自动匹配。无论从哪一个角度讲，这个工具都让我们的工作越来越简单了。该工具有 3 种修复类型。

近似匹配： 选择该项，将使用污点四周的像素来修除污点。

创建纹理： 选择该项，将使用画笔覆盖区域中的所有像素，创建一个用于修除污点的纹理。

内容识别： 选择该项，Photoshop 将自动分析周围的图像并将它们融合起来，效果比【近似匹配】更逼真。它非常适合修除照片中多余的线条，比如电线、缆绳等。

STEP 01 启动 Photoshop 软件，打开要处理的照片。这幅照片中，天空中的 3 条高压线非常碍眼，必须将其修掉，如图 3-31 所示。风光摄影作品中出现电线是非常多见的，所以读者必须学会相关的修图方法。

图 3-31

STEP 02 由于电线又细又长，比较适合使用"污点修复画笔工具"进行修复。在工具箱中选择该工具，并在工具选项栏中调整画笔的大小，同时选择【内容识别】选项，如图 3-32 所示。在图像窗口中沿着电线拖动鼠标，释放鼠标左键，可以发现电线神奇地消失了。

Tips

调整画笔大小时，可以使用 [键或] 键，大小以能覆盖电线为宜。

图 3-32

STEP 03 重复上面的操作，直到将 3 条高压线全部修掉为止，效果如图 3-33 所示。注意，在修复过程中，如果出现局部修复不理想的情况，可以反复对同一位置进行修复，或者运用其他修图方法进行补充。

Tips

为了确保得到良好的修复效果，进行修复操作时，建议将照片以 100% 比例显示，这样就会减小操作误差。

图 3-33

3.3.3 智能填充修复

　　有修图经验的读者一定遇到过这种情况：如果要修复的元素位于照片边缘，使用修补工具或污点修复画笔工具修复时，被修复过的地方会留下脏兮兮的"黑斑"，修图痕迹非常明显。这时，通常有两个解决方案：一是进行手工修复，二是使用【填充】命令的"内容识别"功能。

　　在 Photoshop 中，【填充】命令的"内容识别"功能是一项非常智能、实用的功能，它是 Photoshop CS5 版本增加的新功能，延续至今，已经非常完美，它能根据选区周围的像素进行智能处理，填充选区并得到一个与周围环境相匹配的效果，在一定程度上弥补了"修补工具"和"污点修复画笔工具"的不足。但是，这里仍然要提醒读者，该功能适合不规则纹理的背景，如水面、杂草、花丛等，对于规则纹理的背景处理效果并不理想。另外，选区较大时处理效果也不理想。所以，使用该功能时，建立的选区要尽可能地贴近对象边缘。

STEP 01 启动 Photoshop 软件，打开要处理的照片。这幅照片中的羊群比较分散，而且个别的羊出现在画面边缘，甚至残缺，所以要修掉这些内容，如图 3-34 所示。

图 3-34

STEP 02 选择工具箱中的"套索工具"，在图像中拖动鼠标，选中照片右下角的羊。执行菜单栏中的【编辑】>【填充】命令，在打开的【填充】对话框中选择"内容识别"选项，如图 3-35 所示。

图 3-35

Tips

【填充】对话框中的【颜色适应】选项是 Photoshop CC 2017 版本增加的。选择该选项，可以在修复图像时消除色差，使图像的衔接更加自然。

STEP 03 单击【确定】按钮，则照片中被选中的羊消失，取而代之的是草地，而且天衣无缝，非常自然，如图 3-36 所示。最后按下 Ctrl+D 快捷键取消选区即可。

图 3-36

Tips

使用【填充】命令可以向选区中填充的内容有前景色、背景色、任意颜色、内容识别、历史记录、黑色、50% 灰色、白色等，并且可以控制填充模式与不透明度。

STEP 04 用同样的方法，依次选择要修掉的羊，然后调用【填充】命令，利用"内容识别"选项进行智能填充修复，最终效果如图3-37所示。

Tips

如果利用"内容识别"功能填充图像以后边缘出现痕迹或模糊的现象，可以利用该功能继续修复，直到满意为止。

图 3-37

3.3.4 用覆盖法修复照片

Photoshop 在数码照片处理方面提供了很多智能工具，但是智能工具往往都会有一定的限制。所以，一定要掌握一些必要的手动修片技术。通常情况下，手工修图的方法有两种：一是使用"仿制图章工具"进行修复；二是利用覆盖法进行修复。手工修图虽然慢一些，但可以与智能工具互补。

"仿制图章工具"主要用于修复小面积的区域，对于面积比较大的区域，用覆盖法修复更加方便。所谓"覆盖法"就是选择画面中的理想图像区域，然后复制到新图层中，并使用复制的图像覆盖住要修复的元素。这种方法的关键在于两点：一是合理分析画面，能够找出与被修复元素匹配的图像区域；二是能够处理好图像边缘，使之协调自然。这种方法涉及的 Photoshop 技术包括复制图层、图层蒙版、变换图像等。下面通过实例来学习用覆盖法修图。

STEP 01 启动 Photoshop 软件，打开要处理的照片。这是一幅瀑布的慢门照片，左侧是堤坝，如图 3-38 所示。如果画面中的瀑布再向左延伸一些，画面就会变得更简洁，瀑布的气势也会更强一些。接下来利用覆盖法将左侧的堤坝修掉。

图 3-38

STEP 02 选择"多边形套索工具",在画面中依次单击鼠标,选择瀑布下面的部分,然后按下 Ctrl+J 快捷键,将选择的图像复制到新图层"图层 1"中,如图 3-39 所示。

图 3-39

STEP 03 使用"移动工具"将"图层 1"中的图像向左移动,覆盖堤坝的下半部分。然后按下 Ctrl+T 快捷键,将图像等比例缩小,并调整好位置,效果如图 3-40 所示。这里要注意,调整大小与位置时要符合透视关系。最后按下 Enter 键确认操作即可。

图 3-40

STEP 04 为"图层 1"添加图层蒙版,然后选择工具箱中的"画笔工具",在工具选项栏中设置【不透明度】为 30%,设置前景色为黑色,在画面中沿着被修补图像的边缘反复涂抹,直到看不出接痕为止,如图 3-41 所示。

Tips
借助蒙版涂抹图像边缘时,建议将照片放大显示,最好以 100% 比例显示,这样效果比较真实,也便于观察。

图 3-41

STEP 05 在【图层】面板中选择"背景"层为当前图层，使用"多边形套索工具"选择瀑布上面的部分，然后按下 Ctrl+J 快捷键，将选择的图像复制到新图层"图层 2"中，如图 3-42 所示。

图 3-42

STEP 06 在【图层】面板中将"图层 2"调整到"图层 1"的上方，并使用"移动工具"将"图层 2"中的图像向左移动，覆盖堤坝的上半部分。然后按下 Ctrl+T 快捷键，将图像等比例缩小，并调整好位置，如图 3-43 所示，最后按下 Enter 键确认操作。

图 3-43

STEP 07 为"图层 2"添加图层蒙版，参照前面的方法，使用"画笔工具"编辑图层蒙版，处理好接痕，最终效果如图 3-44 所示。

图 3-44

3.4 校正建筑的畸变

在风光摄影中，建筑也是一种常见的被拍摄对象，例如，拍摄城市夜景、城市广场等，都会在照片中出现建筑元素。当建筑物比较高大而又与拍摄者没有足够远的距离时，为了完整地拍摄到建筑物，就会使用广角镜头，这样一来难免会产生畸变。实际上，畸变是光学透镜固有的透视失真现象。当使用广角镜头拍摄建筑时，最常见的现象就是建筑物的边线不垂直，而是从离相机较近的一端向另一端汇聚，产生向内倾斜的感觉。对于这一类摄影作品，必须对建筑进行畸变的校正，除非这恰好是拍摄者想要的效果。

3.4.1 使用自由变换

对于一些只在垂直方向上存在畸变的建筑来说，使用【自由变换】命令就可以完成校正操作。通常情况下，借助扭曲变换使建筑的垂直线条与画面的边缘平行，即可将照片校正过来，非常方便。

STEP 01 启动 Photoshop 软件，打开要处理的照片。由于使用广角镜头，这幅照片中的建筑有一种后倾的感觉，如图 3-45 所示，虽然不是十分明显，但是必须进行校正。

图 3-45

STEP 02 由于【自由变换】命令不能作用于背景图层，所以需要将背景图层转换为普通图层。在【图层】面板中双击"背景"图层，则弹出【新建图层】对话框，如图 3-46 所示，此时直接单击【确定】按钮，则背景图层转换成了普通图层"图层 0"。

Tips
背景图层转换为普通图层的快捷方法有两种：一是单击图层右侧的"锁形"标记；二是按住 Alt 键的同时双击背景图层。

图 3-46

STEP **03** 执行菜单栏中的【编辑】>【自由变换】命令，或者按下 Ctrl+T 快捷键，则图像的四周出现 8 个控制点。按住 Ctrl 键分别调整左上角与右上角的控制点，直到建筑的垂直线条与画面边缘平行为止，如图 3-47 所示。

STEP **04** 按下 Enter 键确认变换操作，可以看到建筑不再倾斜，基本得到了令人满意的校正效果，最终效果如图 3-48 所示。

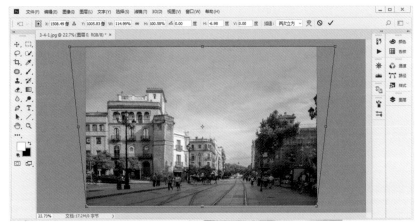

图 3-47

图 3-48

3.4.2 在 ACR 中校正

　　到目前为止，ACR 的功能已经相当完善，尤其是镜头校正方面的功能也越来越强大，这使得我们在打开照片的同时就可以完成校正处理，对于处理 RAW 格式照片非常有益。ACR 中提供了"变换工具"用来校正拍摄不正确造成的透视变形，而【镜头校正】面板则用于校正镜头本身带来的枕形或桶形畸变。

STEP 01 在 Bridge 中双击要处理的照片，则弹出 ACR 对话框。通过预览窗口可以看到，这幅照片中的建筑后倾严重，而且带有一定的桶形畸变。选择工具栏中的"变换工具"，并在参数面板中选择【网格】选项，如图 3-49 所示。

图 3-49

STEP 02 在参数面板中，【变换】选项下方提供了6个按钮，单击第二个按钮，即【自动：应用平衡透视校正】按钮，则倾斜的建筑得到一定的校正，如图3-50所示。第二个按钮的图标为A，即Auto（自动）的意思，它能自动分析照片并进行透视校正。

图 3-50

STEP 03 在工具栏中选择"抓手工具"，然后在参数面板中切换到【镜头校正】面板，向右调整扭曲度的滑块，适当校正桶形畸变，如图3-51所示，最后单击【打开图像】按钮，即可进入 Photoshop 中。

图 3-51

STEP 04 进入 Photoshop 以后，如果感觉照片还需要校正，可以执行菜单栏中的【滤镜】>【Camera Raw 滤镜】命令，重新进入 ACR 对话框中再次处理。例如，校正后的建筑有一些向外倾斜，可以单击第四个按钮，应用水平和纵向透视校正，如图3-52所示，最后单击【确定】按钮即可。

图 3-52

3.4.3 镜头校正滤镜

Photoshop 中的 "镜头校正" 滤镜能够根据各种相机与镜头的配置文件对照片进行自动校正，轻松消除桶形或枕形畸变，并且可以消除照片暗角、紫边等。如果校正效果不理想，还可以手工进行调整。"镜头校正" 滤镜是 Photoshop CS2 就具有的，原来归属于 "扭曲" 滤镜组，现在已经提升到了【滤镜】菜单下，该命令的重要性由此可见。

STEP 01 启动 Photoshop 软件，打开要处理的照片。这幅照片的畸变也比较严重，下面使用 "镜头校正" 滤镜进行处理。执行菜单栏中的【滤镜】>【镜头校正】命令，如图 3-53 所示。

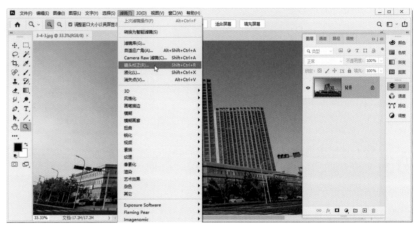

图 3-53

STEP 02 在【镜头校正】对话框的下方选择【显示网格】选项，这有利于判断校正后的照片是否端正，并且可以设置网格的大小。在对话框的右侧选择【自动校正】选项卡，勾选【几何扭曲】与【晕影】选项，消除几何扭曲与暗角，然后在【相机制造商】下拉列表中选择 "Canon"，这时会自动匹配镜头配置文件，如图 3-54 所示。如果不能自动匹配，可以根据左下角的拍摄信息在【相机型号】与【镜头型号】下拉列表中选择对应的设备型号。

图 3-54

Tips

这里要提醒读者一下，如果打开的照片不是原始照片，信息或功能可能不完整。例如，经过反复处理的 JPEG 格式照片或者网络上下载的图片，对话框左下角的拍摄信息可能没有或不全，相关选项也呈现禁用状态。所以读者在练习时应尽可能使用自己拍摄的原始照片。

STEP 03 切换到【自定】选项卡，分别调整【垂直透视】【水平透视】【角度】参数的值，进一步校正透视变形，效果如图3-55所示，最后单击【确定】按钮。

图 3-55

> **Tips**
>
> 在【自定】选项卡中调整参数时，一般是通过拖动滑块改变参数值，但是这种方法不精确。如果要进行细微的控制，可以激活一个数值框，然后按方向键↑或↓来改变数值，如果同时按住 Shift 键，则以 10 为单位变化。

STEP 04 选择"裁剪工具"，并在工具选项栏中取消选择【使用经典模式】选项，选择【内容识别】选项，然后调整裁剪框，裁掉下面的空白区域，并向上调整裁剪框，扩大天空部分，如图 3-56 所示。

STEP 05 在裁剪框内双击鼠标，或者按下 Enter 键即可完成裁剪，照片中的建筑得到了校正。

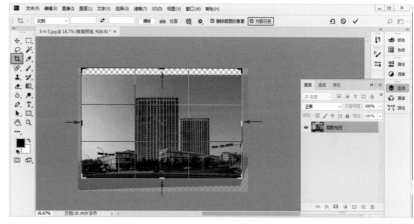

图 3-56

3.5 为照片添加边框

很多影友都喜欢为照片添加边框，实际上，添加边框也是一种美化照片的手段，它不但可以美化照片，增强装饰效果，还可以提高照片的艺术欣赏性。另外也可以在边框上添加作者和拍摄的一些说明信息，对照片进行适当的解读或注释。对于风光照片或者一些摄影小品，如果加上合适的边框，也许会别有一番风味，看上去像明信片一样漂亮，特别适合一些有意境的画面。

在 Photoshop 中，可以给照片添加的边框是各种各样的，方法也不一而足。这里介绍两种最简单实用的方法，即描边样式法与扩展画布法。

3.5.1 描边样式法

　　Photoshop 提供了【描边】命令与【描边】样式两种描边方法，【描边】样式可以对当前图层中的图像进行描边，利用它可以制作边框。

STEP 01 启动 Photoshop 软件，打开要描边的照片。按下 Ctrl+J 快捷键，复制"背景"图层得到"图层 1"，单击【图层】面板下方的【添加图层样式】按钮，在弹出的菜单中选择【描边】命令，如图 3-57 所示。

图 3-57

STEP 02 这时将打开【图层样式】对话框，在该对话框中设置描边【大小】为 50 像素，【位置】为"内部"，【颜色】为白色（RGB：255、255、255），如图 3-58 所示。

Tips

Photoshop 提供了多种图层样式，不论执行哪一种图层样式命令，都打开同一个【图层样式】对话框，但是右侧的参数不同。

图 3-58

STEP 03 单击【确定】按钮，则照片产生了白色的边框，效果如图 3-59 所示。这是制作等距边框的最佳方法，缩放照片时，边框的宽度不会发生改变。

Tips

添加了【描边】样式以后，【图层】面板中"图层 1"的右侧将出现"fx"标记，下方则列出"描边"效果，双击它可以重新修改参数。

图 3-59

3.5.2 扩展画布法

  使用【画布大小】命令可以扩展画布区域，以增加现有图像的工作空间，或者通过减小画布区域来裁切图像。利用这项功能可以为照片添加边框。

  扩展画布法与描边样式法相比，两者各有优劣。后者可以为完整的照片添加边框，也可以制作团扇、折扇的边框，而且可以添加纯色、渐变色或图案边框，但其缺点是使原照片的有效区域变小，而且只能添加均匀的边框。前者的优势在于不会"吃掉"原照片的画面，还可以让照片四周的边框宽度不同，但缺点是只能为整幅照片添加纯色边框。

STEP 01 启动 Photoshop 软件，打开要添加边框的照片。执行菜单栏中的【图像】>【画布大小】命令，如图 3-60 所示。

Tips

使用快捷键可以提高工作效率，处理照片时，要打开【画布大小】对话框，可以直接使用快捷键 Alt+Ctrl+C。

图 3-60

STEP 02 在打开的【画布大小】对话框中选择【相对】选项，然后设置【宽度】和【高度】均为 1 厘米，选择【画布扩展颜色】为白色，如图 3-61 所示。

Tips

选择【相对】选项时，输入的数值表示当前画布尺寸增加（正值）或减少（负值）的量，这样便于理解边框的宽度，即所输入数值的 1/2。

图 3-61

STEP 03 单击【确定】按钮，则照片产生了白色的边框，如图 3-62 所示。

Tips

使用【画布大小】命令为照片添加边框时，通过【定位】选项可以控制向哪个方向扩展画布。所以该选项的作用非常重要，它决定了边框的位置，本例定位在中心，宽度和高度均为 1 厘米，所以四周产生了等宽的边框，宽度为 0.5 厘米。

图 3-62

STEP 04 再次执行菜单栏中的【图像】>【画布大小】命令，在打开的【画布大小】对话框中选择【相对】选项，然后设置【高度】为2厘米，并在【定位】选项中单击第一排中间的按钮，【画布扩展颜色】依然为白色，如图3-63所示。

图 3-63

STEP 05 单击【确定】按钮，则照片底部的边框变宽，这样就得到了一个类似明信片的效果。在扩出的底边框中可以输入照片的主题、作者、相关的文字信息等，最终效果如图3-64所示。

Tips

风光照片很少添加边框，这样会使照片显得不大气。但是对于有意境的小景，通过边框的装饰，会更有情调，文艺范儿十足。所以掌握两种添加边框的方法还是有益的。

图 3-64

CHAPTER
04

风光摄影后期的影调处理

摄影作品具有影调与色调两大表现元素。影调是指画面的明暗层次，通过影调的变化可以使欣赏者感到光的流动与变化。照片的影调可以通过前期拍摄进行控制，也可以通过后期技术进行调整。例如，利用 Photoshop 中的减淡或加深工具、曲线、色阶、Camera Raw、图层的混合模式等技术都可以强化或改造照片的影调，从而加强照片的表现力。本章将围绕照片的影调进行讲解，介绍一些必要的影调处理方法。

通过阅读本章您将学会：

正确理解直方图及其意义
解决照片曝光不足的问题
解决照片曝光过度的问题
处理偏灰的照片
大光比照片的影调处理
风光摄影的局部光影处理

4.1 解读直方图

说到照片的影调，就要谈到直方图。在相机中可以查看照片的直方图，同样，在 Photoshop 当中也多处出现了直方图，例如【直方图】面板、【曲线】与【色阶】命令的对话框、Camera Raw 窗口中都有直方图的身影。那么，什么是直方图？直方图在摄影中的作用是什么呢？

4.1.1 什么是直方图

计算机图形分为矢量图与位图两种。我们所拍摄的照片属于位图，它是由诸多像小方块一样的"像素"组成的，这一点可以通过无限放大照片进行验证，当将照片放大到不能再放大时，就可以看到若干小方块，这些小方块就是所谓的"像素"，它是构成照片的最小单位，具有位置、颜色、亮度等属性，如图 4-1 所示。当将照片去色以后，可以明显地看到每一个像素的明暗是不一样的，如图 4-2 所示。

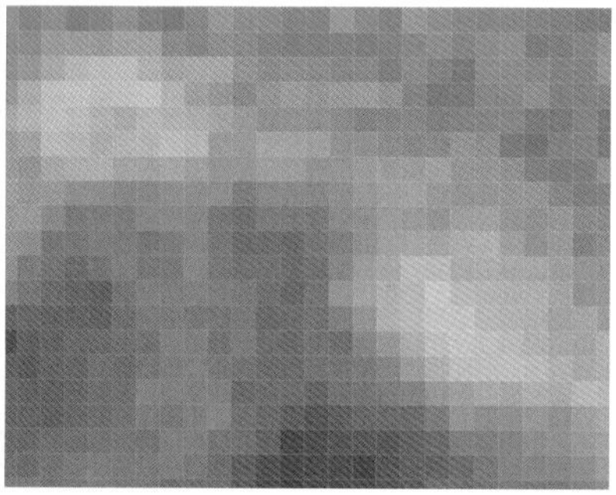

图 4-1

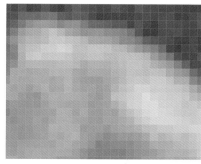

图 4-2

理论上，构成图像的像素的亮度分为 256 个级别，即 0~255。当像素的亮度值为 0 时，这个像素呈现为黑色；当像素的亮度值为 255 时，这个像素呈现为白色；当像素的亮度值介于 0 和 255 之间时，则像素呈现为不同程度的灰色。直方图描述了照片中明暗像素的分布状况，它的本质就是一个数量统计图。横坐标代表了像素的亮度值，纵坐标代表了各个亮度值的像素有多少。直方图与照片影调的对应关系如图 4-3 所示，这种对应关系直接体现在 ACR 的【基本】面板中，如图 4-4 所示，除【对比度】之外，其他几项参数恰好对应直方图中的不同影调区域。

前面说过，在 Photoshop 中的很多地方可以看到直方图的身影，但是观察直方图的最好工具仍然是【直方图】面板。

首先打开一幅照片，然后执行菜单栏中的【窗口】>【直方图】命令，可以打开【直方图】面板，如图 4-5 所示，在面板菜单中选择【扩展视图】命令，这样更便于观察。【直方图】面板下方的数据信息也可以帮助我们了解照片的像素分布情况。

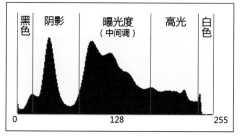

图 4-3

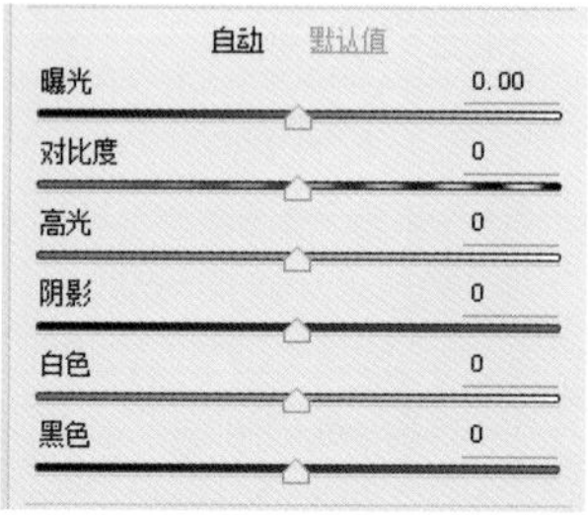

图 4-4

平均值：表示照片的平均亮度值，根据这个数值，用户可以大致判断照片属于高调，低调还是中间调，通常以 128 为中间值。值越大，说明照片越亮，趋于高调；值越小，说明照片越暗，趋于低调。

标准偏差：表示照片亮度值的范围。值越大，照片的反差越大，即对比度越大；值越小，照片的反差越小，对比度也越小。

中间值： 表示照片亮度范围内的中间值。值越小，说明照片越暗；值越大，说明照片越亮。

像素： 表示组成照片的总像素，如果存在选区，则表示选区内的总像素。

色阶： 当在直方图上移动光标时，表示光标所处位置的亮度级别。

数量： 表示光标所处位置的亮度级别的像素总数。

百分位： 表示从左边到光标位置的像素数除以照片像素总数的值。

图 4-5

4.1.2 RGB、明度与颜色直方图

在【直方图】面板中打开"通道"下拉列表，可以看到除了有红、绿、蓝通道之外，还有 RGB、明度、颜色 3 个选项。也就是说，这里提供了不同的直方图显示形式，对于通道直方图，比较容易理解，而 RGB、明度、颜色直方图又是怎么回事呢？在 Photoshop 中打开一幅照片，分别查看其 RGB 直方图、明度直方图与颜色直方图，如图 4-6 所示。

RGB 直方图即复合通道直方图，它是默认显示的直方图，很多人认为 RGB 直方图反映了照片的亮度，这个观点不完全正确。应该说，RGB 直方图大致反映了照片的明暗趋势。它的计算方式是单独的颜色通道相加，即复合通道的某个色阶的数量是该色阶下单独颜色通道的数量之和。

明度直方图则不然，它是根据"305911"这个经验公式计算的，即将彩色照片去色后变为一张灰度图，某个色阶的灰度值＝ 30% 红 + 59% 绿 +11% 蓝，【直方图】面板中的明度直方图就是这个灰度图像的直方图。使用前面打开的照片，在【图层】面板中调用【通道混合器】命令，并勾选【单色】选项，然后将红、绿、蓝通道的值分别设置为 30、59、11，这时可以看到整个照片的 RGB 直方图与原照片的明度直方图完全一样，如图 4-7 所示。

颜色直方图是最令人眼花缭乱的直方图，它同时显示红、绿、蓝通道的直方图，并且以

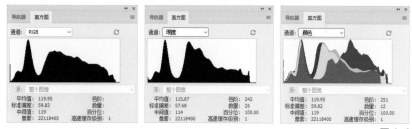

图 4-6

图 4-7

原色显示。当两个 RGB 通道的直方图重叠时，则以它们的补色显示，即黄色、洋红色或青色（黄色＝红色＋绿色；洋红色＝红色＋蓝色；青色＝绿色＋蓝色），当 3 个通道的直方图同时重叠时，则以灰色显示。颜色直方图可以直观地表达出通道之间的关系，不仅显示了颜色通道各自的直方图分布，而且表达出了颜色之间的关系。用户可以在一个直方图中看到所有的颜色通道信息。

4.1.3 直方图与影调

　　直方图在风光摄影和后期制作中应用非常广泛，学会看懂直方图，曝光将会变得更加容易和准确，因为直方图可以直观地反映画面中的影调分布，曝光理想时，相机上显示的直方图应该从左到右拥有匀称的明暗影调分布。打开一幅照片，在【直方图】面板中选择"明度"直方图，这样可以避开颜色的干扰，通过像素的明暗判断照片的曝光情况。

　　在直方图中，如果大部分像素集中在右侧，说明照片中较亮的像素多而较暗的像素少，整幅图像偏亮或者过曝，如图 4-8 所示。

　　在直方图中，如果大部分像素集中在左侧，说明照片中较暗的像素多而较亮的像素少，整幅图像偏暗或欠曝，如图 4-9 所示。

　　在直方图中，如果大部分像素集中在中间区域，而左、右两侧没有像素分布，说明照片中缺少高光与阴影，对比度低，整体偏灰，如图 4-10 所示。

　　如果大部分像素集中在两侧，说明照片中较暗的区域较多，较亮的区域也较多，中间缺少过渡，照片的反差比较大，如图 4-11 所示。

Tips
借助直方图，读者只能判断照片中明暗像素的分布情况，不能由此判定照片的好坏。

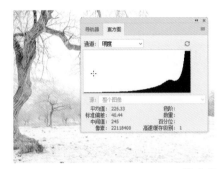
图 4-8

图 4-9

图 4-10

图 4-11

4.2 解决曝光不足的问题

　　光线的影响、测光的失误或技术的欠缺等因素，都可能造成照片的曝光不足，而曝光不足会导致照片偏暗。如果不是严重的曝光不足，其实没有大碍。因为在 Photoshop 中有很多解决曝光不足这一问题的方法，如【色阶】命令、【曲线】命令、【曝光度】命令、【阴影/高光】命令等都可以解决曝光不足的问题。另外，利用 ACR、混合模式也可以解决曝光不足的问题。

4.2.1 在 ACR 中解决曝光不足问题

如果一幅风光照片曝光不足，特别是 RAW 格式的照片，在打开时必然要经过 ACR，所以在 ACR 中解决曝光不足问题是首选方案，而且操作简单，只需要调整曝光、阴影、高光等参数即可，几乎可以一步完成。

STEP 01 启动 Bridge 软件，在 Bridge 窗口中双击要处理的照片，这时将弹出 ACR 对话框，如图 4-12 所示，通过预览窗口以及右上角的直方图，可以看出这张照片曝光不足。

Tips

欠曝的照片虽然可以通过后期得到校正，但是如果欠曝得太多，提亮以后会出现噪点，所以拍摄时应尽可能曝光正确。

图 4-12

STEP 02 在【基本】参数面板中单击【自动】，然后在此基础上调整照片的曝光、高光、阴影、对比度等参数，可以得到比较理想的影调，如图 4-13 所示。

图 4-13

STEP 03 切换到【校准】参数面板，在这里适当调整【红原色】和【绿原色】的饱和度值，这样可以让画面中鲜花的色彩更艳一些，如图 4-14 所示。

图 4-14

Tips

自动调整照片的影调后，一般情况下会降低照片的光比，影响照片的色彩与通透度，第 03 步、第 04 步是为了使照片更艳丽、更通透。

STEP 04 切换到【基本】参数面板，适当加大【去除薄雾】的数量，使照片的通透度更高一些，同时对【曝光】【阴影】值进行适当微调，如图 4-15 所示。这样就解决了照片曝光不足的问题，然后进入 Photoshop 中进行精细处理，也可以直接保存图像。

Tips

在 Camera Raw 10.4 版本中，【去除薄雾】选项从【效果】参数面板中移动到了【基本】参数面板中，这更符合用户的使用习惯。

图 4-15

4.2.2 用滤色模式解决曝光不足问题

图层的混合模式是将当前图层和下方图层混合，通过图像颜色之间的互相渗透，实现一些特殊的艺术效果。在数码照片处理过程中，经常会用到图层的混合模式，用于提高照片的对比度、局部着色、锐化照片、改善高光或阴影细节等。在图层混合模式中，"滤色"模式的作用是比较上、下两层图像，对颜色进行运算，去除暗色，得到比两者更亮的颜色，从而产生一种变亮的效果。所以在照片的后期处理中，对曝光不足的照片可以使用该模式加以纠正，而且使用这种方法时图像细节的损失较小。

STEP 01 启动 Photoshop 软件，打开要处理的照片，如图 4-16 所示。这幅照片的光比比较大，暗部明显曝光不足。

Tips

打开照片时，如果出现 ACR 对话框，要确保所有参数为 0，直接打开并进入 Photoshop，学习利用混合模式解决曝光不足问题。

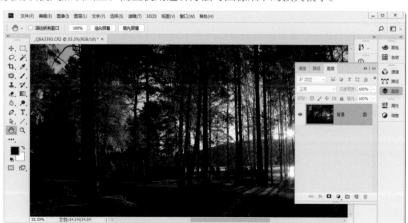

图 4-16

STEP 02 按下 Ctrl+J 快捷键，复制背景图层得到"图层 1"，在【图层】面板中设置"图层 1"的混合模式为"滤色"，如图 4-17 所示。这时可以看到画面亮了许多。

Tips

直接复制图层并设置为"滤色"模式，可以整体提亮画面，但是容易导致高光过曝，所以在实际操作过程中要灵活运用，为了避免高光过曝，可以选择照片的阴影区域，复制到新图层中，然后再设置为"滤色"模式。

图 4-17

STEP 03 按下 Ctrl+Alt+2 快捷键，选择照片的高光区域，然后按下 Ctrl+Shift+I 快捷键，将选区反选，最后按下 Ctrl+J 快捷键，这时照片的暗部变亮，而高光区域所受影响较小。如果觉得照片还不够亮，可以继续按下 Ctrl+J 快捷键进行复制，最后效果如图 4-18 所示。

Tips

在这一步操作中，Ctrl+J 快捷键操作是从"图层 1"中复制图像并新建图层，所以新产生的图层自动继承"图层 1"的"滤色"模式。

图 4-18

STEP 04 校正照片的曝光以后，执行菜单栏中的【窗口】>【直方图】命令，打开【直方图】面板。通过对比滤色前后的直方图外观，可以看到照片的暗部像素向右偏移，如图 4-19 所示，这也说明照片比原来亮了。

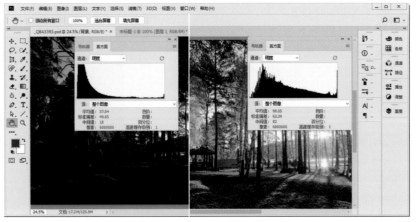

图 4-19

4.3 解决曝光过度的问题

以前有一种说法叫"宁欠勿曝"，实际上在数码摄影时代，"宁曝勿欠"更适合一些，但是也不要曝光过度。通常情况下，一张照片曝光过度，直方图的峰形会偏向右侧甚至超出范围，照片整体是偏亮的。但是，只要不是严重的曝光过度，后期是可以调整回来的，首推方法依然是 ACR 与混合模式。

4.3.1 在 ACR 中解决曝光过度问题

作为一款 Adobe 公司开发的处理 RAW 格式照片的插件，ACR 的功能日益强大，不但可以解决照片的曝光问题，在色彩处理、锐化与降噪、二次构图与基础校正、分区调整与批量处理等方面都有优秀的表现。绝大部分后期工作都可以在 ACR 中完成，与解决曝光不足问题一样，曝光过度问题也可以在 ACR 中被轻而易举地解决，图 4-20 所示为调整前后的效果对比。

图 4-20

STEP
01 启动 Bridge 软件，在 Bridge 窗口中双击要处理的照片，这时将弹出 ACR 对话框，如图 4-21 所示，通过预览窗口以及右上角的直方图，可以看出这张照片曝光过度。

Tips
虽然曝光过度的照片可以适当校正，但是一定要注意，如果某个区域已经完全曝光成了白色，那是无法挽救的。

图 4-21

STEP 02 在【基本】参数面板中单击【自动】，这时会重新调整照片的影调，但是并不一定能得到合理的效果，所以还要在此基础上进行调整。其中，【曝光】【高光】的滑块要向左调，压暗照片中过亮的部分，同时调整其他几项参数，控制好暗部与对比，如图4-22所示。

图4-22

STEP 03 适当加大【去除薄雾】的数值，使照片的通透度更高一些，如图4-23所示。这样，一张曝光过度的照片就得到了校正。

STEP 04 单击【存储图像】按钮，可以将照片重新命名保存。

图4-23

<table>
<tr><td align="center">**Tips**</td></tr>
<tr><td>ACR 在处理照片方面具有独特的优势，当照片存在曝光问题时，使用 ACR 可以轻松解决。已经调整好的照片有两种保存方法：一是在 ACR 对话框中单击【存储图像】按钮，直接将调整好的照片存储起来；二是单击【打开图像】按钮，这时照片将进入 Photoshop 中，在这里可以进一步修饰与调整照片，如要保存照片，可以执行菜单栏中的【文件】>【存储为】命令。</td></tr>
</table>

4.3.2 用正片叠底模式校正曝光过度

"正片叠底"模式与"滤色"模式恰好相反，它可以将上、下两层图像叠加，产生比原来更暗的颜色，模拟多张幻灯片叠放在投影仪上的投影效果。处理数码照片时经常使用它来压暗过曝的照片，方法是将照片复制一层，然后设置该图层的混合模式为"正片叠底"。

STEP 01 启动 Photoshop 软件，打开要处理的照片，这幅照片整体偏亮，明显曝光过度。打开【直方图】面板观察直方图，可以发现暗部像素缺失，如图 4-24 所示。

图 4-24

STEP 02 按下 Ctrl+J 快捷键，复制背景图层得到"图层 1"，在【图层】面板中设置"图层 1"的混合模式为"正片叠底"，这时可以看到画面恢复了很多细节，直方图也发生了变化，如图 4-25 所示。

图 4-25

STEP 03 仔细观察画面可以发现，照片上半部分还有一些过曝，再次按下 Ctrl+J 快捷键复制一层，则细节得到进一步恢复，但是照片底部有些过暗。为"图层 1 拷贝"图层添加图层蒙版，使用"渐变工具"由下向上填充黑白渐变，恢复底部较暗的部分，最终结果如图 4-26 所示。

图 4-26

4.4 照片偏灰问题的处理

照片偏灰是广大摄影爱好者最头痛的一个问题，也是照片后期中谈论最多的一个问题。导致照片偏灰的原因主要有两个方面：一是天气因素，例如，在阴天或有雾的情况下，拍出来的照片就会灰蒙蒙的，该亮的地方不亮，该暗的地方不暗，从而使照片的整体影调偏灰；二是数码相机本身成像偏灰。除此以外，也受到现场光线的强弱、测光与曝光技术的影响。实际上，在摄影的过程中，由于技术的原因、环境的原因或者设备的原因等，经常会出现照片效果不理想的现象，这些都需要在后期进行处理。

4.4.1 在 ACR 中去灰

ACR 的去灰功能相当强大，从 ACR 9.1 开始，就增加了"去除薄雾"功能，这个功能对于摄影爱好者来说非常便利，可以轻松解决照片灰蒙蒙的问题。使用该功能时，一般要先对照片进行基本调整，然后切换到【效果】参数面板，向右拖动"去除薄雾"的滑块，这样既可以去灰，颜色也会更加自然。不过在 ACR 10.4 中，"去除薄雾"功能已经移动到了【基本】参数面板中。

STEP **01** 启动 Bridge 软件，在 Bridge 窗口中双击要处理的照片，则弹出 ACR 对话框，如图 4-27 所示，这张照片灰蒙蒙的，直方图的峰形主要集中在中间，阴影与高光缺失。

图 4-27

STEP **02** 在【基本】参数面板中单击【自动】，然后在此基础上调整照片的【曝光】【对比度】【高光】【阴影】等参数，对照片的影调进行基本的调整，如图 4-28 所示。

Tips
单击【自动】以后，一般情况下，照片的对比度都会下降，饱和度会提高，其各项参数并不一定合理，需要进一步调整。

图 4-28

STEP **03** 在【基本】参数面板中向下拖动滚动块，可以看到【去除薄雾】选项，适当加大其数值，这时，照片更加通透，颜色也比原来更鲜艳一些，基本解决了照片偏灰的问题，如图 4-29 所示。

图 4-29

111

STEP 04 为了使照片的色彩更加漂亮，接下来进一步调整。切换到【校准】参数面板，适当加大【红原色】和【蓝原色】的饱和度，如图 4-30 所示。

图 4-30

STEP 05 切换到【色调曲线】参数面板，在曲线上添加两个控制点，将曲线调整为 S 形，适当提高照片的对比度，效果如图 4-31 所示。这样，基本在 ACR 中就完成了照片的去灰与色彩的调整。

图 4-31

4.4.2 使用调整命令

Photoshop 强大的调整命令可以轻而易举地解决照片偏灰问题，应用最多的是【色阶】命令与【曲线】命令，如图 4-32 所示。色阶指照片的亮度，与照片的颜色无关，使用【色阶】命令可以通过调整照片的高光、中间调和暗调解决偏灰问题。而【曲线】命令则更适合加强照片的对比度。

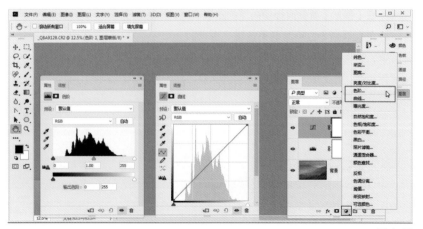

图 4-32

STEP 01 在 Photoshop 中打开要处理的照片，然后执行菜单栏中的【窗口】>【直方图】命令，打开【直方图】面板。同时观察照片及其直方图，可以看到照片很灰，颜色暗淡，缺少层次，直方图的峰形则位于中间，高光与阴影部分的像素缺失，如图 4-33 所示。下面使用【色阶】与【曲线】命令进行校正，让照片亮起来。

图 4-33

STEP 02 在【图层】面板中调用【色阶】命令，在打开的【属性】面板中可以看到直方图的状态，分别调整黑色与白色滑块，使其分居在直方图的两侧，这样，照片通透了很多，如图 4-34 所示。

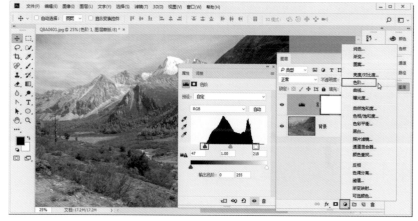

图 4-34

STEP 03 在【图层】面板中调用【曲线】命令，在【属性】面板中调整曲线的形态为 S形，增加照片的对比度，如图 4-35 所示。

Tips

通过以上几步操作，基本解决了照片的偏灰问题，但是照片的色彩还有一些暗淡，如果需要加强处理，可以使用【可选颜色】命令。

图 4-35

4.4.3 用柔光模式去灰

　　处理照片时使用"柔光"模式可以去除灰色，使暗色更暗，亮色更亮，从而提高照片的对比度。所以，对于一些灰蒙蒙的照片，可以借助"柔光"模式让照片亮起来。

STEP **01** 启动 Photoshop 软件，打开要处理的照片，这也是一幅灰蒙蒙的照片，在【直方图】面板中可以看到像素分布在中间调区域，高光与阴影区域没有像素分布，该暗的不暗，该亮的不亮，如图 4-36 所示。

图 4-36

STEP 02 按下 Ctrl+J 快捷键，复制背景图层得到"图层 1"，在【图层】面板中设置"图层 1"的混合模式为"柔光"，这时可以看到直方图的峰形被拉宽，画面也通透了一些，如图 4-37 所示。

图 4-37

STEP 03 如果照片还不够通透，可以连续按下 Ctrl+J 快捷键复制图层，复制得到的图层会自动继承"柔光"模式，图 4-38 所示是连续复制了 3 次，照片已经非常通透，但是高光部分显得有些过亮。

图 4-38

STEP 04 按下 Ctrl+Alt+2 快捷键，选择照片的高光部分，在【图层】面板中调用【曲线】命令，将高光压暗。选择工具箱中的"画笔工具"，在工具选项栏中设置【不透明度】为 30%，在屋顶区域涂抹，消除曲线调整造成的影响，最终结果如图 4-39 所示。

图 4-39

4.5 大光比照片的处理

所谓大光比就是在光线比较强的情况下逆光拍摄。这时如果测光点在较暗的区域，则较亮的区域会过曝；如果测光点在较亮的区域，则较暗的区域会欠曝。这种情况下可以采用包围曝光技术进行拍摄，也可以在后期中通过分区调整进行改善，即分别对高光、阴影、中间调进行单独处理。

4.5.1 简单的高光、阴影

在对照片进行后期处理的过程中，选择非常重要。通常情况下有 3 种选择思路：一是基于轮廓，二是基于颜色的相似性，三是基于影调的明暗。基于影调建立选区就是要分别选择照片的高光、阴影与中间调，从而达到分区调整的目的。一张曝光正常的照片，0 到 255 之间都有像素分布，如果将它简单地划分为两个区域，就是高光区域与阴影区域，这时该如何选择呢？下面就介绍选择的方法。

STEP 01 启动 Photoshop 软件，任意打开一张照片，执行菜单栏中的【窗口】>【直方图】命令，打开【直方图】面板，观察直方图，可以看到照片曝光基本正常，如图 4-40 所示。下面学习如何选择高光区域与阴影区域。

图 4-40

STEP 02 执行菜单栏中的【窗口】>【通道】命令，打开【通道】面板，按住 Ctrl 键单击 RGB 复合通道载入选区，这时我们选择的就是这张照片的高光部分，如图 4-41 所示。

Tips

平时按 Ctrl+Alt+2 快捷键，选择照片的高光区域，实际上就是基于 RGB 复合通道载入选区。

图 4-41

STEP 03 建立选区以后，重新打开【直方图】面板，可以发现直方图的峰形都在右侧，说明我们选择的区域为高光区域，所选择的像素基本上位于 128~255 的区间，如图 4-42 所示。

图 4-42

STEP 04 按下 Ctrl+Shift+I 快捷键，将选区反向，这时选择的就是照片的阴影区域，观察直方图，可以看出选择的像素基本上位于 0~128 的区间，如图 4-43 所示。

图 4-43

4.5.2 精确的高光、阴影与中间调

在 4.5.1 中，我们忽略了照片的中间调，只将照片单纯地分为高光与阴影两部分，这是一种很简单、很流行的分区法。在平时的操作中，相信大部分读者都知道，按下 Ctrl+Alt+2 快捷键可以选择照片的高光区域，将选区反向就得到阴影区域。如果要更加精确地选择某一影调区域，这种方法显然不合适。

对于一幅影调连续的照片来说，总是存在高光、中间调和阴影的划分。Photoshop 在多处体现了这一概念，例如，【色彩平衡】对话框中就有【高光】【中间调】和【阴影】选项，【色彩范围】对话框的下拉列表中也有【高光】【中间调】和【阴影】选项，但是这些方法都存在一定的缺陷，经常出现选择不精确、边缘过渡生硬等问题。所以，在这里我们将借助【计算】命令与混合模式选择照片的高光、中间调和阴影区域，这种方法的最大好处是选区精确，过渡平滑。

需要注意的是，"高光""中间调"和"阴影"是模糊的区间，没有明确的界限。例如，高光的最大值是 255，但无法确定最小值，最小值可以是 128~255 的任何一个值。

高光的选择

STEP 01 在 Photoshop 中打开一张照片，执行菜单栏中的【图像】>【计算】命令，则弹出【计算】对话框，设置源 1 与源 2 的【通道】均为"灰色"，设置【混合】为"正片叠底"，如图 4–44 所示。

图 4–44

STEP 02 单击【确定】按钮，这时打开【通道】面板，可以发现得到了一个"Alpha 1"通道，其图像要比原来的"灰色"通道的图像更暗，如图 4–45 所示。这是使用了"正片叠底"混合模式的缘故。

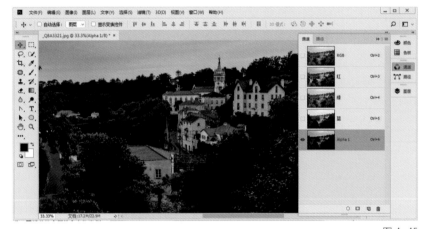

图 4–45

STEP 03 在【通道】面板中单击"RGB"复合通道返回图像状态，然后按住 Ctrl 键单击"Alpha 1"通道载入选区，这时选择的就是图像的高光区域。这一点可以通过直方图得到验证，如图 4–46 所示。

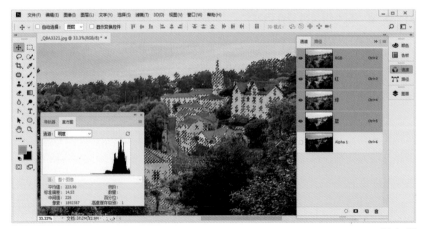

图 4–46

STEP 04 再次执行【计算】命令,在【计算】对话框中设置源 1 与源 2 的【通道】均为"Alpha 1",设置【混合】为"正片叠底",得到"Alpha 2"通道。

单击"RGB"复合通道返回图像状态,按住 Ctrl 键单击"Alpha 2"通道载入选区,则得到更小的高光区域,如图 4-47 所示。

图 4-47

阴影的选择

STEP 05 下面使用同一幅照片来介绍阴影区域的选择。执行菜单栏中的【图像】>【计算】命令,打开【计算】对话框,设置源 1 与源 2 的【通道】均为"灰色",设置【混合】为"正片叠底",同时还要选择两个【反相】选项,如图 4-48 所示。

图 4-48

STEP 06 单击【确定】按钮,则得到"Alpha 3"通道,仔细观察"Alpha 3"通道中的图像,它有些像黑白照片的底片,其中较亮的区域恰好对应着图像的阴影区域,如图 4-49 所示。

图 4-49

STEP 07 在【通道】面板中单击"RGB"复合通道返回图像状态，然后按住 Ctrl 键单击"Alpha 3"通道载入选区，这时选择的就是图像的阴影区域。打开【直方图】面板，可以看到选择的像素都位于阴影区域，如图 4-50 所示。

图 4-50

STEP 08 如果要得到更小的阴影区域，可以对"Alpha 3"通道再次进行"正片叠底"，计算得到"Alpha 4"通道，这步操作不要选择【反相】选项。

单击"RGB"复合通道返回图像状态，按住 Ctrl 键单击"Alpha 4"通道载入选区，则得到更小的阴影区域，如图 4-51 所示。

图 4-51

中间调的选择

STEP 09 下面介绍中间调的选择方法。执行菜单栏中的【图像】>【计算】命令，打开【计算】对话框，设置源 1 与源 2 的【通道】均为"灰色"，设置【混合】为"排除"，如图 4-52 所示。

图 4-52

STEP 10 单击【确定】按钮，则得到"Alpha 5"通道，仔细观察"Alpha 5"通道中的图像，会发现原图像中最暗的部分依然是暗的，而最亮的部分变成了最暗的，原来的中间调部分则显得较亮，如图 4-53 所示。

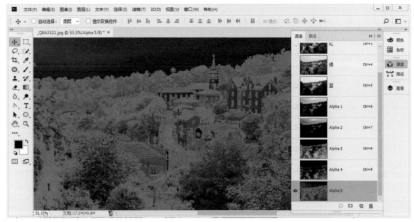

图 4-53

STEP 11 在【通道】面板中单击 RGB 复合通道返回图像状态，然后按住 Ctrl 键单击"Alpha 5"通道载入选区，这时选择的就是图像的中间调区域。打开【直方图】面板，可以看到选择的像素都位于直方图中间，如图 4-54 所示，说明选择的区域就是照片的中间调部分。

图 4-54

STEP 12 在【图层】面板中调用【黑白】命令，然后再调用【曲线】命令，在【属性】面板中的曲线中间位置添加一个固定点，然后将高光点调整到最下方，如图 4-55 所示。这时可以发现，图像效果与第 10 步中的结果惊人地相似，借助这种方法也可以选择中间调。

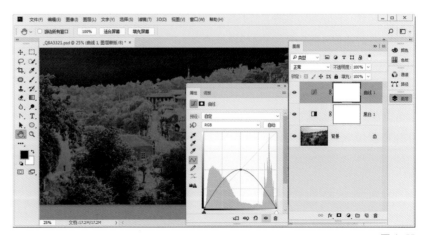

图 4-55

4.5.3 大光比照片的分区调整

　　当照片的光比比较大时，后期调整时会存在一个问题：调亮暗部会导致亮部区域过亮，而压暗亮部会导致暗部过暗。为了减少影调之间的相互影响，可以分别选择不同的影调区域进行单独调整，这种思路称为"分区调整"。当具体到某一张照片的处理时，一定要具体情况具体分析，采用合理的方法选择照片的高光、阴影或中间调进行调整。

STEP 01 启动 Photoshop 软件，打开要处理的照片，如图 4-56 所示。这幅照片的光比比较大，暗部明显曝光不足，而太阳的位置显然已经过曝。

图 4-56

STEP 02 按照前面学习的方法，执行菜单栏中的【图像】>【计算】命令，分别计算出阴影、高光、中间调区域，分别存储到 Alpha 通道中，并分别命名，如图 4-57 所示。

图 4-57

STEP 03 在【通道】面板中单击"RGB"复合通道返回图像状态，按住 Ctrl 键单击"阴影"通道载入选区，然后按下 Ctrl+J 快捷键复制图层得到"图层 1"，设置"图层 1"的混合模式为"滤色"，然后再次按下 Ctrl+J 快捷键复制"图层 1"，这时可以看到，暗部细节基本得到恢复，如图 4-58 所示。

图 4-58

STEP 04 在【通道】面板中按住 Ctrl 键单击"高光"通道载入选区，在【图层】面板中调用【曲线】命令，将高光压暗，并且分别调整"红""蓝"通道的曲线，加强夕阳的氛围，如图 4-59 所示。

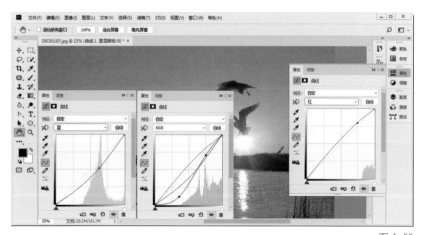

图 4-59

123

STEP 05 在【通道】面板中按住 Ctrl 键单击"中间调"通道载入选区，在【图层】面板中调用【曲线】命令，设置该调整图层的混合模式为"柔光"，如图 4-60 所示，这样就加强了中间调的对比度。

图 4-60

STEP 06 按下 Ctrl+Shift+Alt+E 快捷键，盖印图层，执行菜单栏中的【滤镜】>【Camera Raw 滤镜】命令，返回 ACR 对话框，适当地调整一下影调，使照片更通透，如图 4-61 所示。

图 4-61

4.5.4 模拟曝光合成处理大光比照片

　　拍摄风光照片时，如果遇到大光比且逆光的情况，由于画面中最亮和最暗的地方相差太大，超出了相机的记录能力而导致无法记录，所拍摄的照片就会要么亮部过曝，要么暗部欠曝。要解决这个问题，可以在前期拍摄时使用 CPL 偏振镜，或者使用包围曝光技术，然后在后期中进行曝光合成。

　　所谓包围曝光，是指拍摄曝光量由小到大等量增加的多张照片，如欠曝一挡、正常、过曝一挡，然后通过后期手段合成为一张照片，从而解决大光比的问题。

　　本节要讲解的内容是模拟曝光合成，也就是说，前期并没有运用包围曝光技术，仅拍了一张 RAW 格式的照片，通过后期手动曝光合成技术，运用画笔、蒙版等解决照片的大光比问题。

STEP 01 启动 Bridge 软件，在 Bridge 窗口中双击要处理的 RAW 格式照片，则弹出 ACR 对话框，由于这张照片欠曝，所以适当调一下【曝光】参数，如图 4-62 所示，作为正常曝光的照片，单击【打开图像】按钮，进入 Photoshop 工作界面。

图 4-62

STEP 02 按照前面学习的方法，反复执行菜单栏中的【图像】>【计算】命令，分别计算出该照片的阴影、高光、中间调区域，依次存储到 Alpha 通道中，并分别命名，如图 4-63 所示。

Tips
利用模拟曝光合成技术处理大光比照片时，原片最好是 RAW 格式。如果是 JPEG 格式，宽容度较低，效果不理想。即使是 RAW 格式照片，也不能是极端过曝、欠曝的照片。

图 4-63

STEP 03 执行菜单栏中的【文件】>【置入嵌入对象】命令，重新选择要处理的 RAW 照片，这时弹出 ACR 对话框，将【曝光】参数进一步调大，如图 4-64 所示，作为过曝一挡的照片，单击【确定】按钮，则【图层】面板中出现一个新图层，将其更名为"过曝"。

图 4-64

STEP 04 用同样的方法，再次将要处理的 RAW 格式照片置入当前图像中，并且将【曝光】参数降低，如图 4-65 所示，作为欠曝一挡的照片。确认后，【图层】面板中又产生一个新图层，将其更名为"欠曝"。

图 4-65

STEP 05 在【图层】面板中分别选择"过曝"图层与"欠曝"图层，按住 Alt 键的同时单击面板下方的【添加图层蒙版】按钮，为其添加黑色的图层蒙版，如图 4-66 所示。

图 4-66

STEP 06 在【图层】面板中选择"过曝"图层为当前图层，并确认选中了该图层的蒙版，然后按住 Ctrl 键在【通道】面板中单击"阴影"通道，载入选区，如图 4-67 所示。

图 4-67

126

STEP 07 选择工具箱中的"画笔工具"，在工具选项栏中设置【不透明度】为30%，前景色为白色，在画面中较暗的区域反复涂抹，这时可以看到欠曝的区域逐渐变亮，结果如图4-68所示。

图 4-68

STEP 08 在【图层】面板中选择"欠曝"图层为当前图层，并确认选中了该图层的蒙版。然后按住 Ctrl 键在【通道】面板中单击"高光"通道，载入选区，如图 4-69 所示。

图 4-69

STEP 09 选择工具箱中的"画笔工具"，在工具选项栏中设置【不透明度】为 10%，前景色为白色，在画面中较亮的区域反复涂抹，这时可以看到过曝的区域逐渐恢复细节，结果如图 4-70 所示。

图 4-70

STEP 10 按住 Ctrl 键在【通道】面板中单击"中间调"通道，载入选区，选择照片的中间调区域，然后在【图层】面板中调用【曲线】命令，如图 4-71 所示。

图 4-71

STEP 11 在【属性】面板中调整曲线的形态，提高照片的对比度，则【图层】面板中自动生成"曲线 1"调整图层，并且带有蒙版，其作用就是只影响中间调的对比度，结果如图 4-72 所示。

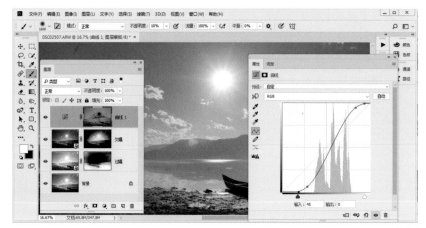

图 4-72

STEP 12 按下 Ctrl+Shift+Alt+E 快捷键，盖印图层，使用"污点修复画笔工具"修掉画面中的污点，然后执行菜单栏中的【滤镜】>【Camera Raw 滤镜】命令，打开 ACR 对话框，适当调整一下影调，使照片更通透，最终结果如图 4-73 所示。

图 4-73

4.6 风光摄影的局部光影

一般来说，有这样一个视觉规律：我们总是先注意到实的、亮的、颜色鲜艳的对象，然后才注意到虚的、暗的、颜色饱和度低的对象。正是有这样一个视觉规律，所以在摄影的前后期过程中才强调虚实对比、明暗对比、颜色对比等，通过这样的一些手段来突出主体对象，或者强化视觉焦点，让受众的目光第一时间关注到画面中的主体对象上。在风光摄影的后期处理过程中，营造画面的局部光与色尤为重要。

4.6.1 强化原有的光影

在一定程度上，摄影的过程就是捕捉光影的过程，但是天气并不随人意，有时阴天，有时雾霾，这时拍摄的风光照片的光影关系一定不明显，照片显得很平淡。在后期处理时我们可以通过技术手段来强化原有的光影，进一步增强视觉效果。主要有两种方法：一是在 ACR 中通过调整画笔来完成，二是在 Photoshop 中通过【曲线】命令来完成。

STEP 01 在 Bridge 中双击要处理的照片，则弹出 ACR 对话框，这张照片是有光影的，但是对比不明显。首先单击【自动】，然后重新调整一下【曝光】与【去除薄雾】的值，如图 4-74 所示。

图 4-74

STEP 02 在工具栏中选择"调整画笔"工具，在右侧的参数面板中设置画笔的大小、羽化、流动、浓度等参数，勾选【自动蒙版】和【蒙版】选项，然后在画面中有光线的位置涂抹，这时显示为淡淡的红色，淡红色区域代表选择的区域，如图 4-75 所示。

图 4-75

STEP 03 取消勾选【蒙版】选项，这时就看不到淡红色了，适当提高【色温】和【曝光】的值，则强化了照片原有的光影效果，如图 4-76 所示。

Tips

选择"调整画笔"工具以后，如果参数面板中的各选项参数值不为 0，可以依次双击各选项的滑块复原，也可以执行【重置局部校正设置】命令。

图 4-76

以上介绍了如何在 ACR 中改善照片原有的光影关系，接下来再学习如何在 Photoshop 中通过【曲线】命令来强化光影。

STEP 01 启动 Photoshop 软件，打开要处理的照片，如果弹出 ACR 对话框，则不做任何调整，直接打开照片。然后执行菜单栏中的【图像】>【自动对比度】命令，重新定义照片的对比度，如图 4–77 所示。

图 4–77

STEP 02 选择工具箱中的"套索工具"，在图像窗口中沿着有光线的区域边缘拖动鼠标，建立选区，然后在【图层】面板中调用【曲线】命令，如图 4–78 所示。

图 4–78

STEP 03 在打开的【属性】面板中向上调整曲线，将选区内的图像提亮，这时可以看到选区的边界会有明显的痕迹。将【属性】面板切换到【蒙版】子面板，调整【羽化】值为 60 像素，则选区的边缘变得非常柔和自然，如图 4–79 所示。

图 4–79

在【属性】面板中切换到【曲线】子面板，然后选择"蓝"通道，向下调整曲线，再选择"红"通道，向上调整曲线，使选区内的图像偏暖一些，最终效果如图 4-80 所示。

图 4-80

4.6.2 打造局部光影效果

如果照片的光影比较平淡无奇，可以通过后期手段刻意打造出光影对比效果，将要突出的主体部分提亮，将主体以外的区域压暗，从而强化视觉中心，如图 4-81 所示。下面介绍详细的处理过程。

图 4-81

STEP 01 启动 Photoshop 软件，打开要处理的照片，如果弹出 ACR 对话框，则不做任何调整，直接打开照片。然后选择工具箱中的的"套索工具"，在图像窗口中沿着主体对象的外围拖动鼠标，创建一个选区，如图 4-82 所示。

图 4-82

STEP 02 在【图层】面板中调用【曲线】命令，则弹出【属性】面板，分别调整"RGB""红"和"蓝"通道的曲线形态，强化选区内图像的亮度与颜色，效果如图 4-83 所示。

图 4-83

STEP 03 调整曲线以后，选区的边缘有明显的痕迹，在【属性】面板中切换到【蒙版】子面板，向右拖动【羽化】选项的滑块，直到选区的边缘变得柔和自然为止，效果如图 4-84 所示。

图 4-84

STEP 04 在【图层】面板中再次调用【曲线】命令，在【属性】面板中调整曲线的形态，如图 4-85 所示，将整幅照片压暗。

图 4-85

STEP 05 选择工具箱中的"画笔工具"，在工具选项栏中设置【不透明度】为 10%，前景色为黑色，在画面中需要提亮的区域反复涂抹，则形成了明暗反差，如图 4-86 所示。

图 4-86

STEP 06 再次选择"套索工具"，在图像窗口中沿着主体对象的外围拖动鼠标，创建一个选区，然后执行菜单栏中的【选择】>【反选】命令，如图 4-87 所示。

图 4-87

STEP **07** 在【图层】面板中调用【曲线】命令，在【属性】面板中向下调整曲线，将选区内的图像压暗，然后切换到【蒙版】子面板，向右拖动【羽化】选项的滑块，控制好选区边缘的柔和度，如图 4-88 所示。

图 4-88

STEP **08** 按下 Ctrl+Shift+Alt+E 快捷键盖印图层，得到 "图层 1"，然后执行菜单栏中的【滤镜】>【Camera Raw 滤镜】命令，打开 ACR 对话框，分别调整各项参数，让照片更加通透，如图 4-89 所示，最后单击【确定】按钮，完成光影的渲染。

图 4-89

4.6.3 用混合模式绘制光影

　　从后期技术的角度来说，强化与打造照片光影的方法很多。通过前面的学习，我们知道，借助 ACR 中的调整画笔可以制作出光影效果，在 Photoshop 中利用【曲线】命令也可以制作出光影效果。另外，混合模式也是一个非常强大的工具，利用 "滤色" 模式与 "正片叠底" 模式可以解决照片过曝与欠曝的问题，而利用 "叠加" 或 "柔光" 模式，则可以绘制光影效果。

　　第 1 章中我们提到：“叠加" 与 "柔光" 模式比较常用，它们可以滤掉图像中的灰色，使图像中暗的地方更暗，亮的地方更亮，从而改变图像的反差。利用它们的这一特性，可以在图像中创建一个 "中性灰" 图层，并将该图层的混合模式设置为 "叠加" 或 "柔光"，然后在该图层中涂抹比较亮的颜色，从而形成光影效果。

STEP 01 启动 Photoshop 软件，打开要处理的照片，如果弹出 ACR 对话框，则不做任何调整，直接打开照片。然后执行菜单栏中的【图像】>【自动色调】命令，重新定义照片的影调，如图 4-90 所示。

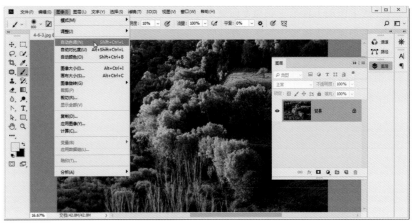

图 4-90

STEP 02 打开【图层】面板，按住 Alt 键单击面板下方的【创建新图层】按钮，则弹出【新建图层】对话框，设置【模式】为"叠加"，选择【填充叠加中性色（50% 灰）】选项，最后单击【确定】按钮，则创建了一个新图层"图层 1"，如图 4-91 所示。

Tips

新建的"图层 1"被填充为 50% 灰色，并且设置为了"叠加"混合模式，所以图像并没有变化，新建"图层 1"的作用是承载下一步要绘制的颜色。

图 4-91

STEP 03 选择工具箱中的"画笔工具"，在工具选项栏中设置【不透明度】为 10%，前景色为淡黄色（RGB：255、252、183），在画面中有光照的区域反复涂抹，可以看到光影效果加强了，如图 4-92 所示。

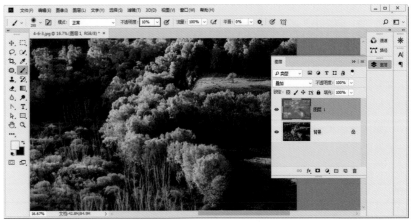

图 4-92

STEP **04** 按下 Ctrl+Shift+Alt+E 快捷键盖印图层，得到"图层2"，设置该图层的混合模式为"柔光"，调整【不透明度】为72%，适当提高照片的对比度，则完成了光影效果的绘制，如图4-93所示。

图 4-93

CHAPTER
05

风光摄影后期的色调处理

摄影作为光、影、色完美结合的一门艺术，色彩在其中占据了重要的地位。一幅成功的风光摄影作品，除了优秀的构图和准确的曝光之外，色彩的运用与表现也是不容忽视的，它不但能够加强画面的视觉冲击力，而且能够抒发情感，影响欣赏者的心理感受。所以，作为风光摄影爱好者，我们既要把握好前期拍摄时对照片色彩的控制，又要学会后期中处理照片色调的一些基本方法，从而提高照片的欣赏性与可读性。

通过阅读本章您将学会：

5.1 理解色彩模式

色彩是指人基于眼、脑和生活经验所产生的一种对光的视觉感受；而色彩模式是数字世界中表示颜色的一种算法，是表现图像颜色的一种方式。理解色彩模式是对照片进行调色的前提与基础，Photoshop 中涉及很多色彩模式，其中我们要重点理解 RGB 色彩模式、CMYK 色彩模式与 HSB 色彩模式。

5.1.1 RGB 色彩模式

在自然界中，光是有颜色的，这一点我们在初中物理课上就知道了。太阳光通过三棱镜会发生色散现象，产生红、橙、黄、绿、蓝、靛、紫 7 种颜色，这 7 种颜色的光不能再分解，称为单色光，而太阳光就是由这些单色光混合而成的。

由于人眼对红、绿、蓝最为敏感，并且大多数的颜色可以由红、绿、蓝 3 色按照不同的比例混合产生，所以红、绿、蓝被定义为光色的三原色，用英文表示就是 R（Red）、G（Green）、B（Blue），由此得到 RGB 色彩模式。它是工业界的一种颜色标准，是为了解决人类生产生活中的问题而提出的。例如，电视、电影、显示器、投影仪都是基于 RGB 色彩模式工作的。

在 RGB 色彩模式下，RGB 三原色的取值均为 0~255，这样能够产生 $256 \times 256 \times 256 \approx 1670$ 万种颜色，几乎包括了人类视力所能感知的所有颜色。可以这样通俗地来理解 RGB 模式，即把 RGB 三原色当作红、绿、蓝 3 盏灯。当取值为 0 时，它们都不亮，即黑色；当取值为 255 时，它们达到最亮，即白色；当它们的取值不同时，则产生各种各样的色彩。RGB 色彩模式的示意图如图 5-1 所示。

在 RGB 色彩模式下，红色 + 绿色 = 黄色，红色 + 蓝色 = 洋红色，绿色 + 蓝色 = 青色。

实际上 Photoshop 默认的工作模式就是 RGB 模式。在 RGB 模式下，Photoshop 所有的功能都是可用的，而在其他颜色模式下有一部分命令是不能使用的，因此，所有的命令都与 RGB 模式有关。

图 5-1

5.1.2 CMYK 色彩模式

如果我们拍摄的照片要印刷成册，这时就会涉及油墨，而油墨本身是不发光的，所以不可能基于 RGB 模式实现印刷。但是我们知道，当阳光照射到一个物体上时，这个物体将吸收一部分光线，并将剩下的光线反射，反射的光线的颜色就是我们所看见的物体颜色，正是基于这样的原理，人们提出了适合印刷的 CMYK 色彩模式。

CMYK 模式是针对印刷的一种色彩模式，对应的媒介是油墨（颜料）。印刷时，对青色（Cyan）、洋红色（Magenta）、黄色（Yellow）三原色油墨进行不同配比的混合，可以产生非常丰富的颜色信息，使用 0%~100% 的浓淡来控制。从理论上来说，只需要 C、M、Y 3 种油墨就足够了，它们 3 个 100% 地混合在一起就应该得到黑色。但是由于目前制造工艺还不能造出高纯度的油墨，所以 C、M、Y 混合后的结果偏暗红色。因此，为了满足印刷的需要，单独生产了一种专门的黑墨（Black），这就构成了 CMYK 印刷 4 分色，其示意图如图 5-2 所示。

在 CMYK 色彩模式下，黄色 + 洋红色=红色，黄色 + 青色=绿色，洋红色 + 青色=蓝色，黄色 + 洋红色 + 青色=黑色。

CMYK 模式是 Photoshop 中使用频率仅次于 RGB 模式的一种颜色模式，主要用于印刷方面。在【拾色器】对话框、【新建】对话框、【模式】子菜单中都会见到 CMYK 的身影。一般情况下，如果图像要印刷，最后一步都要转换为 CMYK 模式，设置颜色时也要使用 CMYK 的方式进行设置。另外，Photoshop 的调整命令中有一个基于 CMYK 模式工作的命令，即【可选颜色】命令，该命令是后期调色的利器，但是要灵活使用该命令，必须明确颜色混合原理才能得心应手。

RGB 模式是光色模式，而 CMYK 模式是印刷模式，两者看上去相差甚远，实质上两者是互补关系，而且关系非常密切，它们构成了调色的理论基础。

在颜色轮上，任何颜色都可以用其相邻的颜色组合而成，而相对的颜色称为互补色。由颜色轮可知，青、洋红、黄分别为红、绿、蓝的补色，如图 5-3 所示，这几种颜色恰好是 CMYK 模式与 RGB 模式的三原色，这使得两种颜色模式之间建立了密切的联系。

两者的区别是：（1）RGB 模式是针对发光体的，存在于屏幕等显示设备中，CMYK 模式是反光的，需要外界光源才能被感知；（2）RGB 色域的颜色数要比 CMYK 多出许多，但两者各有部分色彩是互相独立（即不可转换）的。

两者的联系是：（1）RGB 模式是加色模式，CMYK 模式是减色模式，两个加色相加得到一个减色，两个减色相加得到一个加色；（2）互补色可以完全吸收对方。

图 5-2

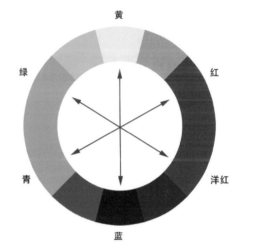

图 5-3

5.1.3 HSB 色彩模式

要看见自然环境中的颜色一定涉及 3 个要素，那就是光、有颜色的物体和眼睛。也就是说，颜色要被人类感知，眼睛（或者说视觉系统）不能有障碍，比如，患有全色盲症的人是无法感知颜色的，所以说，没有识别障碍的眼睛是识别颜色的必要条件之一。

那么，眼睛又是如何识别颜色的呢？对于人的眼睛来说，能分辨出来的是颜色的种类、饱和度和明度，而不是 RGB 模式中各原色所占的比例。因此，基于人类视觉对颜色的感知，人们建立了 HSB 色彩模式。换句话说，HSB 色彩模式是一种从人类视觉的角度定义的色彩模式。

HSB 色彩模式描述了颜色的色相、饱和度和明度 3 个基本特征，即颜色的三属性。其中，色相 H（Hue）即颜色的名称，在 0~360° 的标准色轮上，色相是按角度来度量的，0° 为红色，120° 为绿色，240° 为蓝色。饱和度 S（Saturation）指颜色的纯度或鲜浊度，表示色相中彩色成分所占的比例，是以 0%~100% 来度量的。各种颜色的最高饱和度为该颜色的纯色，最低饱和度为灰色、白色或黑色，灰色、白色、黑色的饱和度为 0%。亮度 B（Brightness）指颜色的相对明暗程度，通常是以 0%~100% 来度量的。其示意图如图 5-4 所示。

在 HSB 色彩模式下，红色（0° 或 360°）、黄色（60°）、绿色（120°）、青色（180°）、蓝色（240°）、洋红色（300°）是非常重要的 6 个色相，是调色的重要依据。

在照片调色的过程中，如果基于视觉对颜色的感受去调节，可以更容易被理解一些，所以 Photoshop 中设计了大量的基于 HSB 模式工作的命令，在【拾色器】对话框、图层的混合模式、

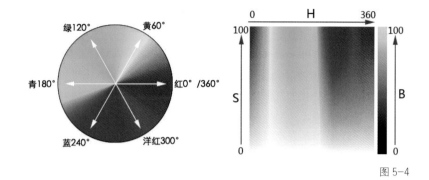

图 5-4

动态画笔选项中都有 HSB 模式的工作方式。另外，在 Photoshop 的调整命令中，【色相 / 饱和度】命令是一个典型的基于 HSB 模式进行调色的命令，它可以对图像的色相、饱和度与明度分别进行调整，还可以对一些基本的颜色单独进行调整。除此以外，【替换颜色】命令是【色彩范围】命令与【色相 / 饱和度】命令的整合体，也运用到了 HSB 模式。

5.2 必须掌握的调色命令

对照片进行调色，当然离不开调色命令。Photoshop 提供了很多调色命令，但是真正对风光摄影作品进行后期处理时，使用比较频繁的命令无非是【曲线】命令、【色阶】命令、【可选颜色】命令、【色相 / 饱和度】命令和【色彩平衡】命令。所以，我们要优先掌握这几个调色命令的使用技巧。

5.2.1 【曲线】命令

【曲线】命令是 Photoshop 中功能最强大的调整命令，在曲线上可以添加多达 14 个控制点，这就意味着它可以对照片进行非常精细的调整。该命令具有【色阶】【反相】【亮度 / 对比度】【阈值】等多项调色命令的功能，既可以调整照片的影调，也可以调整照片的颜色。

执行菜单栏中的【图像】>【调整】>【曲线】命令，或者按下 Ctrl+M 快捷键，可以打开【曲线】对话框，如图 5-5 所示。曲线与直方图是对应的，将曲线分成 3 等份，下方的一段曲线代表图像的阴影区，中间的一段曲线代表图像的中间调区，上方的一段曲线代表图像的高光区。

在 RGB 模式中，各个通道中存储的是光的颜色。选择复合通道时，向上调整曲线增加亮度，向下调整曲线降低亮度；选择"红"

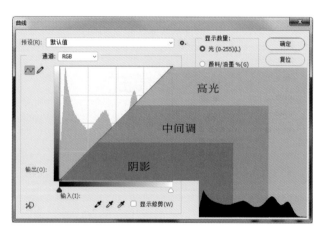

图 5-5

通道时，向上调整曲线增加红色，向下调整曲线增加青色；选择"绿"通道时，向上调整曲线增加绿色，向下调整曲线增加洋红色；

选择"蓝"通道时，向上调整曲线增加蓝色，向下调整曲线增加黄色。如图 5-6 所示。

CMYK 模式是基于印刷的颜色模式，它的各个通道中存储的是油墨的颜色。当选择复合通道时，向上调整曲线表示增加油墨量，降低亮度，向下调整曲线表示减少油墨量，增加亮度；选择"青色"通道时，向上调整曲线增加青色，向下调整曲线减少青色，显出红色；选择"洋红"通道时，向上调整曲线增加洋红色，向下调整曲线减少洋红色，显出绿色；选择"黄色"通道时，向上调整曲线增加黄色，向下调整曲线减少黄色，显出蓝色。如图 5-7 所示。

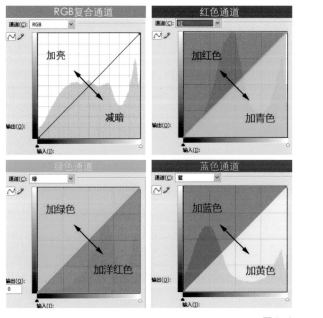

图 5-6

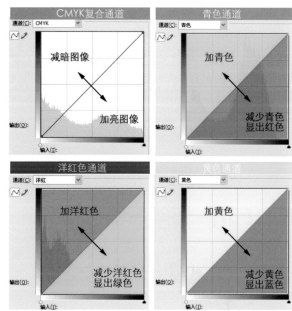

图 5-7

5.2.2 【色阶】命令

【色阶】命令是 Photoshop 中功能仅次于【曲线】的调整命令。色阶指照片的亮度，与照片的颜色无关，表现了照片的明暗关系。使用它可以通过调整照片的高光、中间调和暗调改变照片的对比度。实际上，【色阶】命令也可以对照片进行调色，这时需要结合颜色通道使用。

【色阶】命令与【曲线】命令都是非常重要的调整命令，执行菜单栏中的【图像】>【调整】>【色阶】命令，或者按下 Ctrl+L 快捷键，可以打开【色阶】对话框。图 5-8 所示为【色阶】对话框与【曲线】对话框的对比。曲线上有两个预设的控制点，即阴影控制点（左下角）和高光控制点（右上角），其中，阴影控制点可以调整照片中的阴影区域，它相当于【色阶】对话框中的黑色滑块，高光控制点可以调整照片的高光区域，它相当于【色阶】对话框中的白色滑块。如果在曲线的 1/2 处单击鼠标添加一个控制点，则这个控制点就相当于【色阶】对话框中的灰色滑块。曲线上最多可以添加 14 个控制点，它可以把整个照片的色调（0~255）分成 15 段，而【色阶】命令只有 3 个滑块，只能把整个照片的色调分为 3 段进行调整。因此，【曲线】命令对于色调的控制更加精确，功能更加强大。

正是由于【曲线】命令在一定程度上包含了【色阶】命令，所以【色阶】命令越来越被广大用户淡忘。【色阶】对话框中各项参数的作用如下。

输入色阶：有3个文本框分别对应输入色阶的黑色滑块、灰色滑块和白色滑块。其中，黑色滑块决定图像中最暗的像素，灰色滑块影响中间调的亮度，白色滑块决定图像中最亮的像素。

输出色阶：用于设置阴影和高光的色阶，它影响图像的对比度。调整滑块时，会将该点的像素转换为灰色，降低对比度。

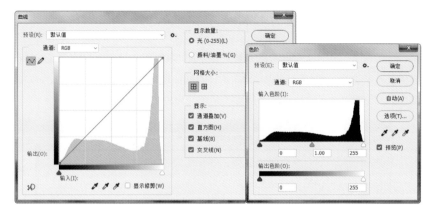

图 5-8

通道：如果要调整整幅照片，可以选择复合通道（RGB 或 CMYK），否则要选择颜色通道，不同的颜色模式，可调整的通道数也不一样。Photoshop 允许单独调整某个颜色通道。

5.2.3 【可选颜色】命令

在 Photoshop 中，每一个调色命令都是基于一定的原理而设置的，【可选颜色】命令是 Photoshop 中唯一基于 CMYK 模式进行调色的调整命令。它在印刷行业中应用最广泛，可以调整红、绿、蓝、青、洋红、黄、黑、白、灰 9 种基本色，其中前 6 种控制图像的颜色变化，后 3 种可以控制图像的亮度、对比度以及整体色彩倾向。

执行菜单栏中的【图像】>【调整】>【可选颜色】命令，可以打开【可选颜色】对话框。【可选颜色】对话框中的参数比较简单，如图 5-9 所示，但是正确理解非常重要，主要参数的作用如下。

颜色：用于选择要调整的颜色，共有 9 种颜色。

青色、洋红、黄色和黑色：根据 CMYK 原理，通过调整基本色的百分比，控制所选颜色的变化。

图 5-9

方法：这里是两种计算百分比的方法，一种是"相对"，一种是"绝对"。使用"相对"调色时变化小一些，使用"绝对"调色时变化大一些。

初学者对【可选颜色】命令的调色原理不太容易掌握。使用该命令时，选择青色、洋红色、黄色时相对容易理解，也容易调整；而选择红色、绿色、蓝色时，则需要正确理解 RGB 模式与 CMYK 模式之间的关系，才能有效、有目的地调整各选项。

两种色彩模式的关系是：两个加色相加得一个减色，两个减色相加得一个加色。例如：在【颜色】选项中选择"红色"，这时加青色会变黑色，因为它们是互补色，相互吸收；而减洋红色会变黄色，因为红色 = 洋红色 + 黄色，减洋红色自然会使黄色相对变多；加洋红色则无变化。对于黄色的调整，同样是这个道理。

5.2.4 【色相 / 饱和度】命令

【色相 / 饱和度】命令是基于 HSB 模式进行调色的工具，HSB 模式是基于人的视觉建立的一种颜色模式，它将颜色分为色相、饱和度、明度 3 个基本属性，通过这 3 个基本属性来描述颜色。

执行菜单栏中的【图像】>【调整】>【色相 / 饱和度】命令，或者按下 Ctrl+U 快捷键，可以打开【色相 / 饱和度】对话框，如图 5-10 所示。各项参数的主要作用如下。

预设： 提供了系统预设的几种调色方案，可以直接选择。

色相： 拖动滑块，可以将当前颜色转换成另一种颜色。

饱和度： 用于调整照片颜色的鲜浊度。

明度： 用于增加或降低照片的亮度。

着色： 选择该选项，可以将照片转换成单色调照片。

使用【色相 / 饱和度】命令既可以对整幅照片的颜色进行调整，也可以对红、绿、蓝、青、洋红、黄 6 种基本色进行调整。该命令主要用于改变照片的色相、控制颜色的饱和度、制作单色调照片等。

图 5-10

5.2.5 【色彩平衡】命令

【色彩平衡】命令通过调整图像中颜色的混合比例来校正图像的色偏现象，它只能对图像进行一般的色彩校正，其调色原理是基于互补色的。在 HSB 颜色轮中，相对的颜色称为互补色，红色与青色是互补色，黄色与蓝色是互补色，绿色与洋红色是互补色。使用该命令时，可以将图像分为高光、中间调、阴影 3 个区域，然后分别对它们进行调整。

执行菜单栏中的【图像】>【调整】>【色彩平衡】命令，或者按下 Ctrl+B 快捷键，则弹出【色彩平衡】对话框，如图 5-11 所示，各项参数作用如下。

图 5-11

色阶： 取值范围为 −100~100，3 个选项分别代表 3 个滑块的对应值。正数为增加红色、绿色及蓝色；负数为增加青色、洋红色及黄色。

阴影： 选择该选项，主要控制照片阴影区域的色彩平衡，对中间调区域影响较小，对高光区域影响更小。

中间调： 选择该选项，主要控制照片中间调区域的色彩平衡，对阴影、高光区域影响较小。

高光： 选择该选项，主要控制照片高光区域的色彩平衡，对中间调区域影响较小，对阴影区域影响更小。

保持明度： 选择该选项，可以防止照片的亮度随着颜色的更改而改变。

【色彩平衡】命令的具体应用有 3 种：第一，调整色偏，比如白平衡错误造成的色偏；第二，强化照片的层次，比如将高光调向暖调，阴影调向冷调；第三，制作偏色艺术效果。但是该命令只能作为一个粗调工具使用，如果对照片质量要求较高，需要结合其他调色命令。

5.3 色温与色调的艺术处理

我们常说"摄影是用光的艺术",这只是强调了光影关系在摄影作品中的重要性,除此以外,色彩是影响摄影作品情感表达的另一个重要因素。在前期拍摄过程中,有经验的影友都会通过设置相机的白平衡获得所需要的照片效果,其实白平衡的设置就是色温的设置。色温概念属于传统摄影的基础知识,它影响着照片的色彩倾向。在数码摄影时代,如果相机设置为自动白平衡模式,拍摄 RAW 格式的照片时可以通过后期改变白平衡,即改变色温与色调参数的值,从而得到所需要的艺术效果。

5.3.1 暖调照片的处理

暖调照片在色彩表现上一般偏黄色、红色,给人一种温馨的感觉。在风光摄影中,这种色调的照片往往拍摄于日出或日落的时间段,如果采用自动白平衡模式拍摄,照片的暖色调氛围可能并不强烈。这时借助后期技术能够加强照片的暖色调,进一步渲染照片的氛围,而且操作也非常简单,只需要在 ACR 中控制色温即可。

STEP 01 在 Bridge 中双击要处理的照片,则打开 ACR 对话框。这是一张海上日出照片,地平线略倾斜,需要适当校正。所以,选择工具栏中的"变换工具",然后在右侧的参数面板中单击【自动:应用平衡透视校正】按钮,如图 5-12 所示。

图 5-12

STEP 02 调整色温之前,先对照片的影调进行适当处理。在【基本】面板中单击【自动】,然后在此基础上进一步调整照片的影调。单击【自动】以后,大部分参数不需要调整,这里主要调整了【对比度】【黑色】和【去除薄雾】的值,如图 5-13 所示。

Tips

每一张照片的影调参数是不同的,所以控制影调时还是以视觉感受为准。调整参数时,要时刻观察照片的变化,直到满意为止。

图 5-13

STEP
03
为了进一步强化日出时那种暖暖的氛围，只需要改动一下色温值即可。在【基本】面板中向右拖动【色温】滑块，这时可以看到照片的暖黄色调越来越强，如图 5-14 所示。达到理想效果后保存照片即可。

图 5-14

5.3.2 冷调照片的处理

  与暖调照片相反，冷调照片在色彩表现上一般偏蓝色、青色，给人一种清爽静谧的感觉。在风光摄影中，在寒冷环境或山水环境中所拍摄的照片可以处理成冷色调，如雪景、冰川、大海等，这一类的照片如果色调偏暖，会显得不通透，甚至导致画面看上去有些脏。如果在拍摄时采用了自动白平衡模式，后期处理时要将色温值调低。

STEP 01 在 Bridge 中双击要处理的照片，则打开 ACR 对话框。这是一张东北的雾凇照片，由于采用了自动白平衡模式拍摄，而且曝光不足，所以看上去不仅不通透，而且颜色也脏兮兮的，如图 5-15 所示。

图 5-15

STEP 02 在【基本】面板中单击【自动】，然后在此基础上调整照片的影调，具体参数如图 5-16 所示。这里强调一下，对于这张照片来说，【对比度】要适当降低，这样意境会更好一些。

图 5-16

STEP 03 北方的冬天一定是寒冷的，所以对于这样一个环境，用冷色调表现最恰当了。这样不仅能突出冷的氛围，而且片子也会显示得干净通透。在【基本】面板中降低【色温】的值，如图 5-17 所示。

图 5-17

STEP 04 按下 Ctrl+Alt+2 快捷键，选择照片的高光部分，然后按下 Ctrl+J 快捷键，将选中的部分复制到"图层 1"中，在【图层】面板中设置"图层 1"的混合模式为"柔光"，最终效果如图 5-18 所示。

图 5-18

5.3.3 轻松实现个性色调

风光摄影作品大部分以维持原色调为主，但是也可以进行适当的创意，例如，紫色调、青色调等都有不错的视觉效果。下面通过在 ACR 中控制色温与色调的值，来实现风光片的创意色调。

STEP 01 在 Bridge 中双击要处理的照片，则打开 ACR 对话框。这是一张非常难得的平流雾照片，平流雾将整个城市笼罩其中，如仙境一般，如图 5-19 所示。

图 5-19

STEP 02 在【基本】面板中单击【自动】，然后分别对影调的各项参数进行调整，具体参数如图 5-20 所示，使照片呈现出合理的影调，这时照片的颜色是正常色温下的颜色。

图 5-20

STEP 03 在这一步中我们通过控制【色温】与【色调】的值，获得一种紫色调风格。在【基本】面板中向左调整【色温】滑块，向右调整【色调】滑块，参数如图 5-21 所示。

图 5-21

STEP 04 切换到【HSL 调整】面板，在【色相】子面板中分别调整【蓝色】与【紫色】滑块，使照片中的蓝色减少，紫色增加，如图 5-22 所示。

Tips

通过以上几步操作，得到了浪漫的紫色调。这时可以进入 Photoshop 继续调整，如二次构图、修除脏点、适当调色等，从而进一步完善照片。

图 5-22

5.4 风光照片的颜色控制

从后期处理的角度来说，无论一幅什么样的照片，无非要做 3 方面的工作，即修片、调明暗、调颜色。对于风光摄影而言，在后期处理上往往只是对原有的颜色加以校正、提纯，使颜色更加干净透彻。通常情况下，有两种控制照片颜色的手段：一是在 ACR 中借助【HSL 调整】面板和【校准】面板进行控制；二是在 Photoshop 中借助【色相/饱和度】命令和【可选颜色】命令进行控制。在实际工作中，可以两种方法结合运用。

5.4.1 在 ACR 中控制颜色

第 1 章中我们介绍了 ACR 的基本功能与使用。在【校准】面板中，调整各原色的色相可以改变照片原有的颜色，而调整饱和度则可以让照片原有的颜色更加纯净。这是控制照片颜色的一个技巧。另外，在【HSL 调整】面板中，则可以根据颜色划分对照片中的某一种颜色进行单独调整。

STEP 01 在 Bridge 中双击要处理的照片，则打开 ACR 对话框。这是青岛的一座教堂，在蓝天白云的衬托下，显得格外雄伟。我们将通过这张照片学习在 ACR 中控制颜色，首先略提一下"曝光"，然后适当调整"去除薄雾"的值，如图 5-23 所示。

图 5-23

STEP 02 在【校准】面板中，分别提高【红原色】【蓝原色】的"饱和度"，可以惊奇地发现，照片的颜色变得非常纯净、鲜艳，利用这种方法，可以有效地控制照片的颜色，效果如图 5-24 所示。

图 5-24

STEP **03** 切换到【HSL 调整】面板，下面有 3 个子面板，可以分别控制颜色的色相、饱和度与明亮度。切换到【明亮度】子面板，分别调整各颜色的亮度值，使冷色调偏暗，暖色调偏亮，具体参数如图 5-25 所示。

图 5-25

STEP **04** 切换到【饱和度】子面板，分别调整各颜色的饱和度值，使冷色调的饱和度低一些，暖色调的饱和度高一些，从而达到一种强烈的冷暖对比，具体参数如图 5-26 所示。

图 5-26

STEP **05** 返回到【基本】面板，进一步调整基本影调的参数，如图 5-27 所示，从而得到理想的效果。调整后的照片，天空偏暗，主体偏亮，视觉效果更加突出。

图 5-27

5.4.2 利用调色命令控制颜色

　　Photoshop 提供了很多调色命令，在 5.2 中介绍了后期处理中常用的命令，其中【色相 / 饱和度】命令与【可选颜色】命令主要用于调整照片的颜色，既可以改变颜色的色相，也可以准确地控制颜色的饱和度。下面通过对一张风光照片的处理，来学习如何在 Photoshop 中控制照片的颜色。

STEP 01 打开要处理的照片。如果打开照片时弹出 ACR 对话框，则不做任何调整，直接进入 Photoshop。因为我们要学习在 Photoshop 中控制颜色。首先，在【图层】面板中调用【色相 / 饱和度】命令，在【属性】面板中分别调整"饱和度"与"色相"滑块，适当控制颜色的饱和度，如图 5-28 所示。

图 5-28

STEP **02** 在【图层】面板中调用【可选颜色】命令，然后在【属性】面板中选择"红色"，减青色，加洋红色，再选择"洋红"，进一步加洋红色，如图 5-29 所示。这样，画面中的桃花更加鲜艳了。

图 5-29

STEP **03** 进一步控制照片中的其他颜色，在【属性】面板中选择"青色"，适当减少青色与黑色，控制好远山与天空的颜色，然后再选择"黄色"，加青色，减黄色，控制好草地的颜色，如图 5-30 所示。

图 5-30

STEP **04** 最后处理一下对比度即可。在【图层】面板中调用【曲线】命令，适当调整曲线的形态，加强照片的对比度，如图 5-31 所示。这时与原片对比，可以发现照片的颜色得到了很好的控制。

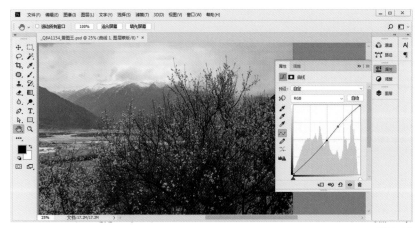

图 5-31

5.5 巧妙运用 Lab 模式

Lab 模式是由国际照明委员会（CIE）于 1976 年公布的一种颜色模式，它不基于任何显示或输出设备原理，而是基于人眼分辨颜色的机制而建立的一种颜色模式，理论上概括了人眼所能看到的所有颜色，是目前所有颜色模式中涵盖色彩范围最广的模式。Lab 模式与设备无关，也就是说它描述的是颜色的显示方式，而不是设备（如显示器、打印机等）生成颜色所需要的颜料数量，所以它既不依赖于光线，也不依赖于颜料。Lab 模式除了上述不依赖于设备的优点外，还具有色域宽的优势，它不仅包含了 RGB 模式与 CMYK 模式的所有色域，还能表现出它们不能表现的色彩。

5.5.1 理解 Lab 模式下的通道

在 Lab 颜色模型中，L 代表明度，a 和 b 是颜色通道。a 代表从绿色（低亮度值）到灰（中亮度值）再到洋红色（高亮度值）；b 代表从蓝色（低亮度值）到灰（中亮度值）再到黄色（高亮度值）。为了便于大家理解 Lab 模式下的通道，我们建立一个空白的文件加以讲解。

STEP 01 启动 Photoshop 软件，执行菜单栏中的【文件】>【新建】命令，建立一个 500 像素 ×500 像素、Lab 模式、背景为白色的新文档，如图 5-32 所示。

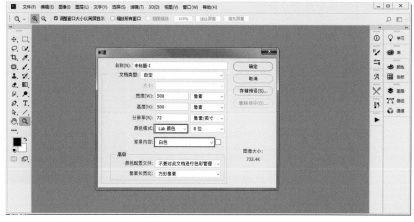

图 5-32

STEP 02 打开【通道】面板，可以看到 Lab 模式的图像有 4 个通道，分别是 Lab 复合通道、表达图像明暗特征的"明度"通道，以及表达颜色特征的 a 和 b 通道，而且 a 和 b 通道呈 50% 灰度的外观，如图 5-33 所示。

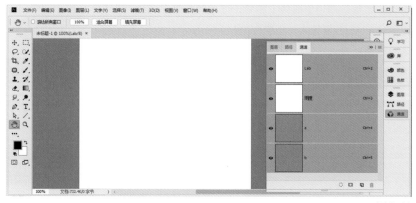

图 5-33

156

STEP **03** 单击 a 通道，使用"渐变工具"从左到右填充黑白渐变，再单击 b 通道，使用"渐变工具"从上到下填充黑白渐变，最后单击 Lab 复合通道，可以看到图像不再是空白的，而是填满了鲜艳的颜色，如图 5-34 所示。

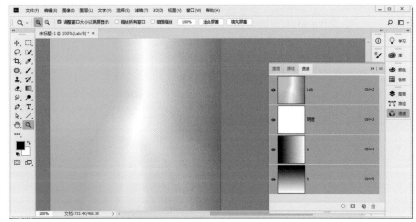

图 5-34

STEP **04** 接下来执行菜单栏中的【编辑】>【首选项】>【界面】命令，打开【首选项】对话框，然后选择【用彩色显示通道】选项，并单击【确定】按钮，如图 5-35 所示。

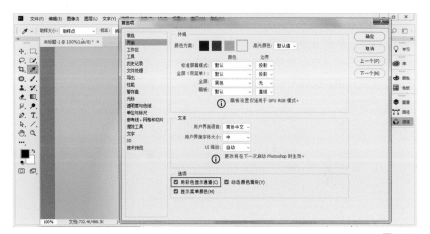

图 5-35

STEP **05** 在【通道】面板中单击 a 通道，在图像窗口中可以清楚地看到从左到右是一个从绿色到灰色再到洋红色的渐变，如图 5-36 所示。

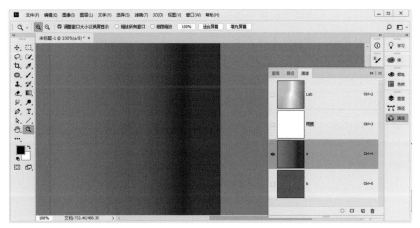

图 5-36

STEP 06 按下 Ctrl+M 快捷键，或者执行菜单栏中的【图像】>【调整】>【曲线】命令，打开【曲线】对话框。向下调整曲线，可以看到绿色向洋红色方向推移，也就是绿色在增多；相反，向上调整曲线，则洋红色向绿色方向推移，也就是洋红色在增多，如图 5-37 所示。

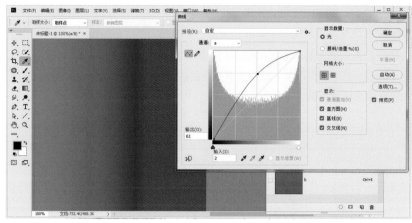

图 5-37

STEP 07 如果保持曲线的中心不变，将曲线调成 S 形，如图 5-38 所示，这时可以看到绿色、洋红色均向中心推移，也就是两者之间过渡距离在压缩，这样可以让照片中的绿色和洋红色更鲜艳。

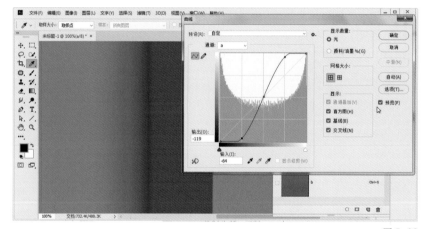

图 5-38

STEP 08 同样，在【通道】面板中单击 b 通道，可以看到 b 通道从上到下是一个从蓝色到灰色再到黄色的渐变。按下 Ctrl+M 快捷键，打开【曲线】对话框。向下调整曲线，蓝色增多；向上调整曲线，黄色增多；保持曲线的中心不变，将曲线调成 S 形，则蓝色与黄色之间的过渡距离变短，从而导致照片中的蓝色和黄色更鲜艳，如图 5-39 所示。

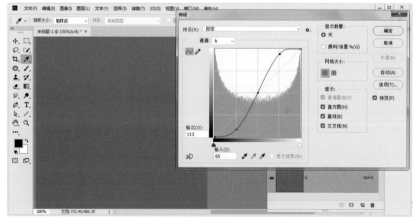

图 5-39

5.5.2 巧用 Lab 模式提纯颜色

使用数码相机拍摄的风光照片往往都会偏灰，如果天气再不给力，照片的色彩就会更加暗淡，不通透。在 Photoshop 后期处理过程中，解决颜色问题的方法很多。这里介绍一下如何在 Lab 模式下提纯颜色，让照片变得更加鲜艳、通透。

STEP 01 启动 Photoshop 软件，打开要处理的照片，这张照片的色彩比较暗淡。执行菜单栏中的【图像】>【模式】>【Lab 颜色】命令，将照片转换为 Lab 模式，如图 5-40 所示。

图 5-40

STEP 02 打开【通道】面板，首先单击 a 通道，然后按住 Shift 键，单击 b 通道，这样就同时选择了 a 与 b 通道，接下来要单击 Lab 复合通道前面的图标，恢复显示整幅照片，以便于在调整时能够即时观察到调整结果，如图 5-41 所示。

图 5-41

STEP 03 执行菜单栏中的【图像】>【调整】>【亮度 / 对比度】命令，打开【亮度 / 对比度】对话框，将"对比度"调整到 100，如图 5-42 所示，最后单击【确定】按钮，这时可以看到照片的色彩变得通透、鲜艳了很多。

图 5-42

STEP 04 最后在【图层】面板中调用【曲线】命令，在打开的【属性】面板中选择"明度"通道，调整曲线的形态为 S 形，提高照片的对比度，如图 5-43 所示。调整完以后，转回 RGB 模式即可。

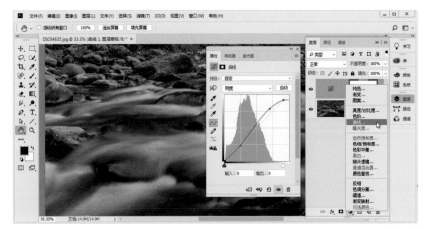

图 5-43

5.5.3 利用 Lab 模式调色

在 Lab 模式下，由于 a 通道主管着绿色与洋红色之间的平衡，而 b 通道主管着蓝色与黄色之间的平衡，所以，如果在照片调色方面加以运用，会让工作变得轻松自然。例如，照片的颜色主要强调蓝色与黄色的对比，那么在 Lab 模式下借助 b 通道就可以非常方便地完成调色，下面通过实例来体验这种调色方法。

STEP 01 启动 Photoshop 软件，打开要处理的照片，这张照片是典型的霞浦滩涂。原片的水不蓝，沙不黄，借助 Lab 模式可以很好地解决这个问题。执行菜单栏中的【图像】>【模式】>【Lab 颜色】命令，将照片转换为 Lab 模式，如图 5-44 所示。

图 5-44

STEP 02 在【图层】面板中调用【曲线】命令，在打开的【属性】面板中选择 b 通道，因为 b 通道控制着蓝色与黄色，在曲线中间添加一个控制点，确保位置不变，然后分别调整曲线的上方与下方，状态如图 5-45 所示。这时可以看到水变蓝了，沙变黄了。

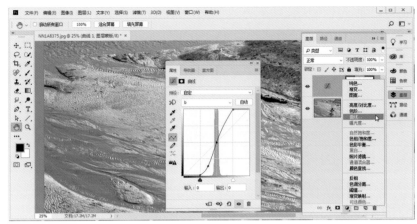

图 5-45

STEP 03 通过一次曲线调整，虽然蓝黄对比色已经呈现，但是不够明显。所以在这里可以按下 Ctrl+J 快捷键，复制曲线图层，这样就等于调整了两次，如图 5-46 所示。但是蓝色太强了，还需要进一步调整。

图 5-46

STEP 04 在【图层】面板中调用【色相/饱和度】命令，在打开的【属性】面板中选择"蓝色"，降低"饱和度"的值，并将"色相"适当调整，使海水偏青色一点，这样的色彩更真实一些，如图 5-47 所示。

对比一下这张照片调整前后的效果，可以看到，很好地实现了水与沙的分离调色，这是其他方法不容易实现的。

图 5-47

在 Lab 模式下利用【曲线】命令调色时，a 通道与 b 通道主管着照片的颜色，并且有自身独特的规律。调色之前，一定要先在曲线的正中间添加一个控制点，并且确保它的输入值与输出值均为 0，它是一个基准点，如果这个点的位置改变了，照片就会出现偏色问题。在 a 通道中，基准点的左下方影响照片中的绿色，右上方影响照片中的洋红色；在 b 通道中，基准点的左下方影响照片中的蓝色，右上方影响照片中的黄色。

在调色过程中，原则上不要改变基准点的位置，这时调整曲线的形态，影响的是特定颜色的饱和度，照片不会偏色。但是如果要想得到创意色调，就要适当地改变基准点的位置。

5.5.4 创意色调的实现

创意色调一般是指非常规的颜色，但是也要符合审美要求，通常都是比较唯美的。风光摄影作品的后期很少使用创意色调，大多数以维持原色调为主。在这里以荷花摄影作品为例，向大家介绍在 Lab 模式下，通过合理地控制 a 通道与 b 通道中的曲线形态，实现有趣的创意色调。荷叶与荷花正好是绿色与洋红色，它与 Lab 模式中的 a 通道控制的颜色接近，下面借助【曲线】命令完成创意色调的调整。图 5-48 所示是调整前后的效果对比。

图 5-48

STEP 01 启动 Photoshop 软件，打开要处理的荷花照片，这是一张普通的荷花摄影作品。执行菜单栏中的【图像】>【模式】>【Lab 颜色】命令，将照片转换为 Lab 模式。

STEP 02 在【图层】面板中调用【曲线】命令，在打开的【属性】面板中选择 a 通道，在曲线中间添加一个控制点，确保位置不变，将左下方的控制点向上拖动到中间，则绿色减少，为了确保洋红色的荷花不变色，在曲线右上方添加一个控制点，略向上调整，如图 5-49 所示。

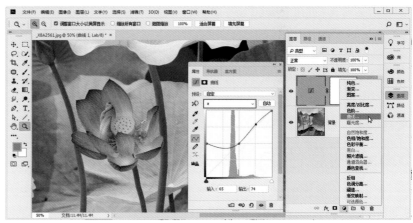

图 5-49

STEP 03 在【属性】面板中选择 b 通道，在曲线中间添加一个控制点，确保位置不变，将右上方的控制点向下拖动到中间偏上的位置，则黄色减少，将左下方的控制点拖动到最上方，则荷叶变成青色，如图 5-50 所示。

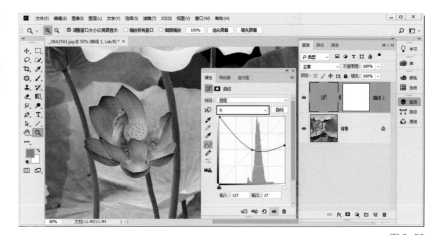

图 5-50

STEP 04 在【图层】面板中调用【色相/饱和度】命令，在打开的【属性】面板中选择"洋红"，向右调整"色相"滑块，使荷花变成红色，效果如图 5-51 所示。这样就得到了一个非常唯美的创意色调，读者还可以转到 RGB 模式下进一步调整。

图 5-51

164

5.6 都市夜景的处理

　　都市夜景一直是广大影友比较喜爱的拍摄题材，都市的夜晚是美丽的，太阳刚刚落下，华灯初上，落日余晖与绚丽的霓虹灯丰富了都市的色彩，这时是拍摄都市夜景的最佳时机。然而得到一张好的夜景照片却不容易，很多影友拍出来的照片总是黑乎乎的，颜色也与自己想象中的相差很远。其实，您只需要一点 Photoshop 后期技术，就可以得到一张优秀的夜景照片。下面将介绍一些夜景照片的处理方法，希望您可以从中获取帮助。

5.6.1 常规夜景的处理

　　经常拍摄夜景风光的影友一定清楚：太阳落下后的 30 分钟左右是拍摄夜景的最佳时机，这个时候拍出来的夜景照片色彩非常丰富。在后期处理时，要重点把握好明暗对比，不要出现大面积暗部死黑的现象，色彩的控制要自然，切忌出现过于饱和的颜色，最后一点就是控制好照片的通透度。

STEP 01 在 Bridge 中双击要处理的照片，则打开 ACR 对话框。这张夜景照片明显欠曝，色彩灰暗，如图 5-52 所示，我们需要先在 ACR 中进行基本的处理。

> **Tips**
> 在实际的后期处理工作中，无论是 RAW 格式还是 JPEG 格式的照片，一般都需要先在 ACR 中进行预处理，对影调与色调进行整体调整，然后再进入 Photoshop 中进行细致的处理。

图 5-52

STEP 02 在【基本】参数面板中，先单击【自动】，使照片的影调得到自动调整，然后向右拖动【去除薄雾】滑块，使照片变得通透一些，但这时的效果并不是令人满意的，后续还需要进一步调整，如图 5-53 所示。

图 5-53

STEP 03 由于照片仍然偏暗、冷，所以在这里要提高【色温】参数的值，使照片偏暖，然后分别调整【曝光】【对比度】【高光】和【阴影】参数的值，如图 5-54 所示，这样照片会亮丽起来，最后单击【打开图像】按钮，进入 Photoshop 工作环境。

图 5-54

STEP 04 进入 Photoshop 中以后，执行菜单栏中的【滤镜】>【Camera Raw 滤镜】命令，重新返回 ACR 对话框。由于照片的暗部过黑，所以向右拖动【黑色】滑块，再适当提高【对比度】与【去除薄雾】的值，如图 5-55 所示，最后单击【确定】按钮。

图 5-55

STEP 05 按下 Ctrl+Alt+2 快捷键，选择照片中的高光部分，然后在【图层】面板中调用【曲线】命令，在【属性】面板中调整曲线的形态，如图 5-56 所示，将高光压暗。

图 5-56

STEP 06 按下 Ctrl+Shift+Alt+E 快捷键，盖印图层得到"图层 1"。选择工具箱中的"套索工具"，在画面的右下角选择多余的部分，执行菜单栏中的【编辑】>【填充】命令，在打开的【填充】对话框中进行设置，如图 5-57 所示。单击【确定】按钮，修除多余的部分，完成本例的处理。

图 5-57

5.6.2 黑金效果的夜景

　　黑金效果是目前比较流行的一种都市夜景风光片的处理方案，整体效果看上去比较高端大气，画面颜色相对纯净。看惯了五光十色的城市夜景风光照片，黑金效果会给人眼前一亮的感觉。从后期处理的角度来说，要制作这种效果并不难，可以在 ACR 的【HSL 调整】参数面板中，将除了橙色、黄色之外的其他颜色的饱和度均降为 –100，尽可能避免多余的色彩干扰画面，然后，在此基础上控制好整个图像的明暗与对比，使画面有一种金属质感。

STEP **01** 在 Bridge 中双击要处理的照片，则打开 ACR 对话框。这是一张很失败的夜景照片，一是错过了拍夜景的最佳时机，二是天气不通透，三是颜色杂乱，如图 5–58 所示。下面，尝试将它处理成黑金效果。首先单击工具栏中的"变换工具"，在参数面板中【变换】选项下方单击【自动：应用平衡透视校正】按钮，自动校正倾斜。

图 5–58

STEP 02 切换到【HSL调整】参数面板，首先在【饱和度】子面板中保留"橙色"与"黄色"的饱和度值，将其他颜色的饱和度均降为 –100，接着切换到【色相】子面板，调整"红色""橙色"与"绿色"的色相，使这些颜色趋向于黄色，如图 5–59 所示。

图 5–59

STEP 03 切换到【基本】参数面板，先单击【自动】，再设置【去除薄雾】的值为 30，在此基础上重新调整影响影调的各项参数，如图 5–60 所示，使画面的细节更多。

图 5–60

STEP 04 分别调整【色温】与【色调】的值，使画面中的橙黄色的分布比例合理，如图 5–61 所示。

图 5–61

Tips

色温值越大，画面越偏暖色；色温值越小，画面越偏冷色。所以色温值的大小会影响画面中橙黄色的比例。

STEP 05 切换到【色调曲线】参数面板，调整曲线为 S 形，注意中点的位置不要变，提高画面的对比度，加强画面的质感，效果如图 5-62 所示。最后单击【打开图像】按钮，进入 Photoshop 工作环境。

图 5-62

STEP 06 按下 Ctrl+Alt+2 快捷键，选择图像的高光区域，然后按下 Ctrl+Shift+I 快捷键进行反选，则选择了图像的阴影区域。在【图层】面板中调用【曲线】命令，在【属性】面板中将曲线向下调整，使暗部更暗，如图 5-63 所示。

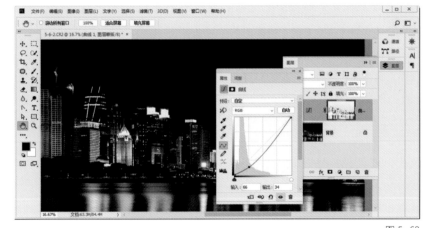

图 5-63

STEP 07 选择工具箱中的"画笔工具"，在工具选项栏中设置【不透明度】为 10%，前景色为黑色，在画面中的楼上反复涂抹，减小曲线调整的影响，最终结果如图 5-64 所示。

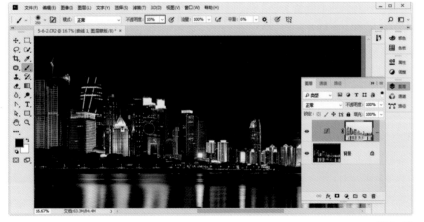

图 5-64

5.6.3 工业灰调的夜景

实际上，工业灰调效果是从黑金效果演变而来的，所以后期处理的思路基本一致。核心就是通过【HSL调整】面板控制各颜色分量的色相、饱和度与明亮度，保留橙色与黄色，将其他颜色均调整为蓝灰色，而这一效果，在【分离色调】面板中就可以实现。所以，后期操作并不难，难点在于大家对色彩的感觉和认识。下面通过实例来学习这种调色方法。

STEP 01 在 Bridge 中双击要处理的照片，则打开 ACR 对话框。这是一张俯拍的都市夜景照片，画面中的暖色调大约占了 1/3，比较适合调成工业灰调的效果。首先在【基本】参数面板中设置【去除雾霾】的值为 54，然后再调整曝光与基本影调，如图 5-65 所示，让照片更通透一些。

图 5-65

STEP 02 切换到【HSL 调整】参数面板,在【饱和度】子面板中保留"橙色"与"黄色"的饱和度值,将其他颜色的饱和度均降为 –100,如图 5-66 所示。

图 5-66

STEP 03 在【HSL 调整】面板中切换到【色相】子面板,将"橙色"滑块向右拖动,使橙色趋向于黄色,结果如图 5-67 所示,这时的画面看上去基本具有了"黑金效果",我们在此基础上进行调整。

图 5-67

STEP 04 切换到【分离色调】参数面板,将阴影区的【色相】值设置为 230,【饱和度】值设置为 50,这时可以看到画面中的阴影区变为蓝色,再将【平衡】选项的滑块向左拖动,改变阴影区的范围,效果如图 5-68 所示。

Tips

在【分离色调】面板中,无论调整阴影还是高光的【色相】值,一定要配合对【饱和度】的设置,否则看不到效果。

图 5-68

STEP
05 切换到【校准】参数面板，向右拖动【绿原色】的【色相】滑块，向左拖动【蓝原色】的【色相】滑块，并降低【蓝原色】的【饱和度】值，使照片的色彩偏灰一点，如图5-69所示，最后单击【打开图像】按钮，进入Photoshop工作环境。

图 5-69

STEP
06 在【图层】面板中调用【可选颜色】命令，在【属性】面板中选择"青色"，加青色、洋红，减黄色、黑色，然后选择"蓝色"，减青色、黄色与黑色，使画面中的蓝灰色趋亮一些，如图5-70所示。

图 5-70

STEP
07 在【图层】面板中调用【渐变映射】命令，渐变色选择"黑，白渐变"，然后在【图层】面板中设置该图层的混合模式为"明度"，设置【不透明度】为39%，适当加强照片的对比度，最终效果如图5-71所示。

图 5-71

5.7 日落照片的处理

　　风光摄影除了表现美丽的景色之外，更讲究光与影的效果。凡是风光摄影的爱好者一定不会错过日落这个机会，日落时分，太阳的光线与地平面的角度小，光质柔和并且呈现出暖色调，不仅落日壮美，而且还有千变万化的云层与晚霞，整个画面充满了魅力，最容易拍出大家喜欢的风光照片。对于日落照片的后期处理，主要是解决好逆光问题、细节与层次问题，避免出现高光过曝；色调大部分以暖调或冷暖对比为主。

5.7.1 有冷暖对比的日落

　　大部分日落风光照片都是以暖调呈现的，氛围感非常强烈，但是如果强调颜色的对比关系，有蓝天的映衬，画面的色彩会更加丰富。一般来说，最好在太阳即将落下山脊或海平面的时候按下快门，这个时候太阳的颜色是鹅蛋黄，天空也没有完全被染红，画面就会形成冷暖对比，后期处理时注意颜色的过渡不要突兀。

STEP 01 在 Bridge 中双击要处理的照片，则打开 ACR 对话框。这是太阳将要落下海平面时拍摄的跨海大桥，由于光比略大，太阳过亮，桥墩下面过暗，所以要先处理一下影调。首先在【基本】参数面板中单击【自动】，然后在此基础上调整【曝光】【对比度】与【阴影】选项的值，如图 5-72 所示，让照片的细节呈现出来。

图 5-72

STEP 02 切换到【校准】参数面板，提高【蓝原色】的【饱和度】值，使照片的色彩更纯净一些，这时橙黄色的饱和度过高，所以再适当降低【红原色】的【饱和度】值，如图 5-73 所示。

图 5-73

STEP 03 切换回【基本】参数面板，设置【去除薄雾】的值为 28，适当加强照片的通透度，再略降低【饱和度】的值，效果如图 5-74 所示。最后单击【打开图像】按钮，进入 Photoshop 工作环境。

> **Tips**
>
> 在 ACR 中调整照片时，要随时观察预览窗口，使画面的影调与色调逐渐靠近自己预期的目标，有些时候会反复切换参数面板或修改参数。

图 5-74

STEP 04 按下 Ctrl+Alt+2 快捷键，选择图像的高光区域，然后按下 Ctrl+Shift+I 快捷键进行反选，则选择了图像的阴影区域。在【图层】面板中调用【曲线】命令，在【属性】面板中将曲线向上调整，进一步提亮暗部，如图 5-75 所示。

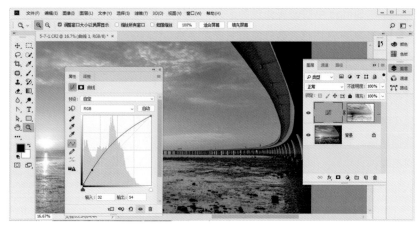

图 5-75

STEP 05 由于提亮暗部以后画面会偏灰，所以再次按下 Ctrl+Alt+2 快捷键，选择图像的高光区域，在【图层】面板中调用【曲线】命令，适当调整曲线的形态，加强照片的对比度，如图 5-76 所示。

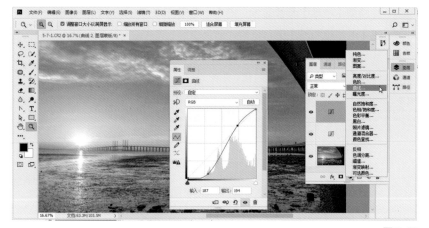

图 5-76

STEP 06 按下 Ctrl+Shift+Alt+E 快捷键，盖印图层得到"图层 1"然后在【图层】面板中设置"图层 1"的混合模式为"柔光"，设置【不透明度】为 36%，再次提高对比度，最终效果如图 5-77 所示。

图 5-77

5.7.2 有意境的剪影效果

剪影一直是大家比较喜欢的一种摄影效果，因为它很容易形成一种意境，留下丰富的想象空间，从而触动大家的内心。尤其是在日落时分拍摄的剪影效果，非常有韵味。从后期处理的技术角度来说，剪影效果的处理与普通的日落照片恰恰相反，一般都要提亮高光，压暗阴影，从而突出剪影效果。下面通过实例学习日落时的剪影的处理方法。

STEP 01 在 Bridge 中双击要处理的照片，则打开 ACR 对话框。这是日落时分的驼队，天空比较干净，非常适合剪影效果。由于原片颜色惨淡，所以首先在【基本】参数面板中将【色温】调整到 6100，如图 5-78 所示，让照片的调子更暖一些。

图 5-78

STEP 02 切换到【校准】参数面板，分别设置【红原色】【绿原色】与【蓝原色】的【饱和度】值为 17、22、99，然后将【红原色】的【色相】值设置为 17，如图 5-79 所示，使画面中的暖色调更纯、更亮。

图 5-79

STEP 03 切换到【基本】参数面板，设置【阴影】的值为 -100，设置【黑色】的值为 -58，使暗部更暗，效果如图 5-80 所示。单击【打开图像】按钮，进入 Photoshop 工作环境。

图 5-80

STEP 04 选择工具箱中的"裁剪工具"，在工具选项栏中选择 16∶9 的预设比例，在图像窗口中从左上角到右下角拖动鼠标，创建一个裁剪框，使地面占画面 1/3 左右，如图 5-81 所示，按下 Enter 键进行二次构图，至此完成本例的制作。

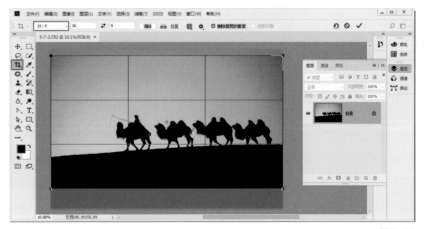

图 5-81

CHAPTER
06

风光摄影后期的风格处理

风格是指某一时期流行的一种艺术形式，这里所说的风格是指目前比较固定的一些风光摄影作品的后期效果，如黑白效果、HDR 效果、画意效果等。不同风格的后期效果所传递的艺术韵味是不同的，例如，画意效果就是运用后期手段，在照片的色彩、质感、纹理、装饰等方面加以渲染，从而使照片具有某种绘画的意境。需要提醒大家的是，一张照片的后期风格并不是随意的，应该贴合摄影主题，不能偏离摄影者所表达的艺术内涵。

通过阅读本章您将学会：

黑白风光照片的制作
高调风光照片的制作
低饱和度效果的制作
风光摄影画意效果的制作
HDR 效果的制作

6.1 黑白风光照片

　　黑白照片是从摄影诞生起就存在的艺术形式，它并非只有黑白两种颜色，而是一幅由不同灰阶构成的灰度图。在风光摄影中，黑白照片也是一种深受广大摄影爱好者喜欢的类型。当一幅照片褪去色彩之后，剩下的就是照片的线条构成与明暗对比。按照亚当斯的理论，一张好的风光摄影作品应该包含 11 个灰阶的层次，照片的层次越多就越细腻、越耐看。所以，对于黑白照片而言，在前期拍摄时要注意线条与光线对比，而在后期制作时要注意灰阶层次的控制。

6.1.1 使用【渐变映射】命令

　　在 Photoshop 中制作黑白照片的方法多种多样，利用【渐变映射】命令就可以制作出质量不错的黑白照片，这也是一种比较经典的制作黑白照片的方法。Photoshop 中的【渐变映射】命令是一个非常特别的调整命令，如果应用得当可以制作出非常出色的图像效果，由于它将相等的图像灰度范围映射到指定的渐变色上，所以当我们指定渐变色为 "黑，白渐变" 时，就可以得到黑白照片，最后再利用适当的方法调整一下对比度，进一步提高照片品质即可。

STEP **01** 启动 Photoshop 软件，打开要处理的照片，如果弹出 ACR 对话框，则不做任何调整，直接进入 Photoshop。然后在【图层】面板中调用【渐变映射】命令，如图 6-1 所示。

图 6-1

STEP **02** 在打开的【属性】面板中单击渐变色右侧的小箭头，打开下拉列表，从中选择"黑，白渐变"，则照片变为黑白效果，如图 6-2 所示。

图 6-2

STEP **03** 按下 Ctrl+Alt+2 快捷键，选择照片中的高光区域，然后在【图层】面板中调用【曲线】命令，适当地压暗高光，曲线形态如图 6-3 所示，则完成了一张黑白照片的制作。

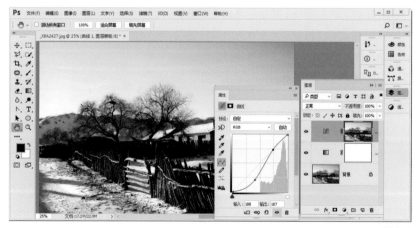

图 6-3

6.1.2 使用【黑白】命令

Photoshop 从 CS3 开始增加了一个专门制作黑白照片的命令，即【黑白】命令。使用该命令将彩色照片转换为黑白照片时，允许调整红、绿、蓝、青、洋红、黄 6 种基本色，从而控制每一种颜色的色调深浅，使黑白照片的层次更加丰富、鲜明。【黑白】对话框如图 6-4 所示，各参数作用如下。

预设： 用于选择系统预设的黑白效果。

各颜色滑块： 拖动颜色滑块，可以改变照片中该颜色的亮度。

色调： 选择该选项，通过调整下方的【色相】与【饱和度】值，可以创建单色调照片。

自动： 单击该按钮，可以基于照片创建最佳黑白效果。

图 6-4

STEP **01** 启动 Photoshop 软件，打开要处理的照片，如果弹出 ACR 对话框，则不做任何调整，直接进入 Photoshop。在【图层】面板中调用【黑白】命令，如图 6-5 所示。

图 6-5

STEP **02** 在打开的【属性】面板中单击【自动】按钮，可以基于照片原有的色调创建黑白效果；如果不满意，可以调整各颜色分量的值，创建属于自己的黑白照片。这里设置的各颜色分量的值如图 6-6 所示。

图 6-6

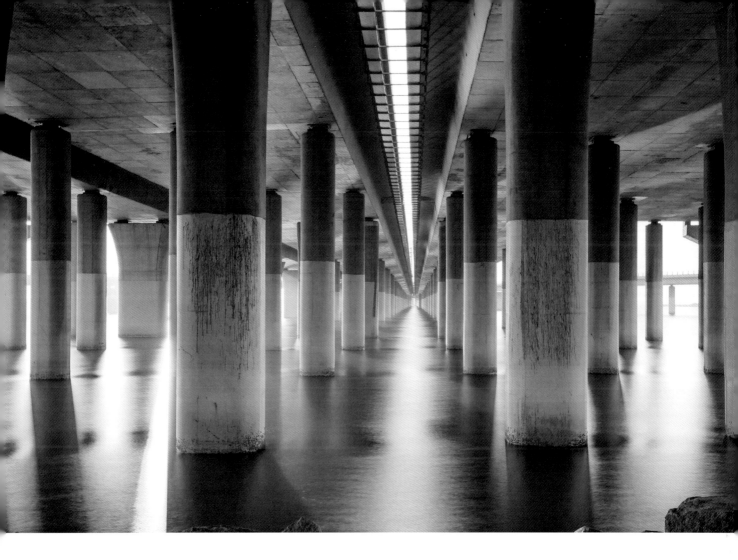

STEP **03** 在【图层】面板中调用【曲线】命令，将曲线向上调整，适当提亮照片，如图6-7所示，则完成了黑白照片的制作。由此可见，使用【黑白】命令制作黑白照片，是一种非常简单易行且专业的方法。

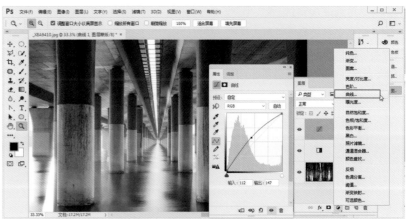

图 6-7

6.1.3 在 ACR 中制作黑白照片

ACR 的功能越来越强大，从 ACR 10.3 版本开始，增强了配置文件、系统预设等功能，如图 6-8 所示，这为照片的后期处理带来了更多的创意效果体验，同时也使得 ACR 更加符合摄影师的修片工作流程。在 ACR 中，【HSL 调整】参数面板中具有【色相】【饱和度】和【明亮度】3 个子面板，用户可以根据颜色划分对照片进行调色，但是，当在【基本】参数面板中选择【黑白】处理方式时，该面板自动变为【黑白混合】面板，此时可以调整该面板中的颜色分量，从而控制照片的局部明暗变化与层次关系。这对于制作黑白照片是非常有利的，所以，ACR 也是制作黑白照片的有效工具。

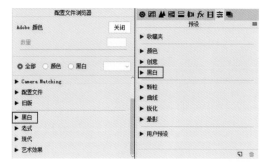

图 6-8

STEP 01 在 Bridge 中双击要处理的照片，则弹出 ACR 对话框，在【基本】参数面板中选择【黑白】处理方式，则照片变成黑白效果，然后在【配置文件】选项右侧单击【浏览配置文件】按钮，如图 6-9 所示。

Tips

10.3 以下版本的 ACR 中没有【黑白】处理方式，用户需要在【HSL/灰度】面板中选择【转换为灰度】选项。

图 6-9

STEP 02 这时就进入了【配置文件浏览器】面板，由于已经转换成了黑白模式，所以这里只有关于黑白的配置文件，选择【黑白 03】，设置【数量】值为 70，如图 6-10 所示，单击【关闭】按钮可以返回【基本】参数面板。

图 6-10

STEP
03 在【基本】参数面板中分别调整【曝光】【对比度】【高光】【阴影】【白色】与【黑色】参数值，如图 6-11 所示，重新调整照片的影调。

图 6-11

STEP
04 切换到【黑白混合】参数面板中，根据需要分别调整各颜色分量的值，控制画面的局部明暗，如图 6-12 所示，从而得到自己所需要的黑白效果。最后单击【打开图像】按钮，进入 Photoshop 工作环境。

图 6-12

STEP
05 执行菜单栏中的【图像】>【模式】>【RGB 颜色】命令，将灰度模式的图像转换为 RGB 模式，如图 6-13 所示，则得到一幅黑白照片。如果不满意，还可以在 Photoshop 中继续调整。

图 6-13

6.2 高调风光照片

对于风光摄影作品而言，中间调摄影作品居多。但是高调的风光照片给人以纯洁、明快的感觉，有一些环境比较适合用高调来表现，例如坝上的冬天、北方的雾凇、极简构图的风光、江南水乡等。另外，在拍摄的时候如果天气不好，遇到雾霾天，所拍摄的照片缺乏景深或色彩对比，也可以通过后期的手段处理成高调照片。

6.2.1 雪景风光

高调照片中影调绝大部分为浅色，整个色调由浅灰到白色的少数色阶构成。通俗地讲，高调照片的色调以浅色调为主，一般浅色调要占整个画面的75%~95%。高调照片虽然以浅色调为主，但是并不排斥小面积深色调的存在。雪景风光片特别适合制作成高调照片，因为雪后的大地是洁白的，在这种背景下非常容易创作出高调照片。

STEP **01** 在 Bridge 窗口中双击要处理的照片，则弹出 ACR 对话框，如图 6-14 所示。这是一张冬季坝上放马的照片，除了主体对象以外，整个画面都是白的，观察右上角的直方图，也可以看到像素主要分布在高光区域，非常适合制作高调照片。

图 6-14

STEP **02** 在【基本】参数面板中先设置【去除薄雾】的值为 30，使照片变得通透一些，然后分别调整【高光】【阴影】【白色】和【黑色】的值，使照片的影调趋向于高调，如图 6-15 所示。最后单击【打开图像】按钮，进入 Photoshop 工作环境。

图 6-15

STEP **03** 选择工具箱中的"修补工具"，在工具选项栏中设置【修补】方式为"内容识别"，在图像窗口中选择马群上方的石头，如图 6-16 所示，然后将它拖动到理想区域，修掉石头。

图 6-16

189

STEP 04 执行菜单栏中的【文件】>【置入嵌入对象】命令，置入一幅"雪花"素材图片，这时在【图层】面板中会自动产生一个"雪花"智能对象图层，设置该图层的混合模式为"滤色"，为照片添加雪花，营造下雪的氛围，如图 6-17 所示。

Tips

置入对象时，在图像窗口中会出现带有变换框的图像，这时可以根据需要调整大小，最后在变换框内双击鼠标，才能完成置入操作。

图 6-17

STEP 05 执行菜单栏中的【滤镜】>【模糊】>【动感模糊】命令，在打开的【动感模糊】对话框中设置【角度】为 -60 度，【距离】为 17 像素，然后单击【确定】按钮，如图 6-18 所示，为雪花添加动感。

图 6-18

STEP 06 执行菜单栏中的【窗口】>【直方图】命令，打开【直方图】面板，更改直方图为扩展视图，然后在【通道】下拉列表中选择"明度"，可以看到该照片的像素主要集中在高光部分，如图 6-19 所示。

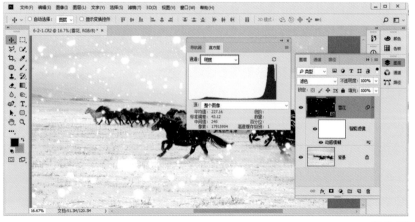

图 6-19

6.2.2 霞浦风光

霞浦是摄影爱好者必去的地方，它最大的魅力就是滩涂，近些年发展起来的近海滩涂养殖，随着潮起潮落，形成了美丽的滩涂风光，小舟渔网、浮标竹竿、渔民劳作，在朝霞与晚霞的映射下，形成了一幅幅美丽的画面。如果遇到一个好天气，一定会拍出唯美大片，而在阴天或雾霾情况下，拍出来的照片总是灰蒙蒙的，不过这时可以考虑处理成高调照片，强调点线面的美感。

STEP 01 启动 Photoshop 软件，打开要处理的照片，如果弹出 ACR 对话框，则不做任何调整，直接打开图像，如图 6-20 所示。这是一幅霞浦滩涂照片，除了欠曝以外，画面也不通透，但是画面构成很好，非常有韵律感的竹竿与两个拉网的渔民，使画面充满了情趣。

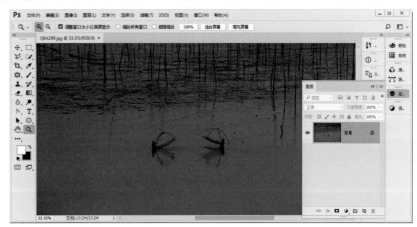

图 6-20

STEP 02 在【图层】面板中调用【色阶】命令，在打开的【属性】面板中选择白色吸管工具，在画面中水面位置单击鼠标，重定图像的白场，如图 6-21 所示。

Tips

黑场是指照片中最暗的地方，白场是指照片中最亮的地方。在 Photoshop 中，黑场就是色阶为 0 的地方，白场就是色阶为 255 的地方，灰场即中性灰（RGB：128、128、128）。

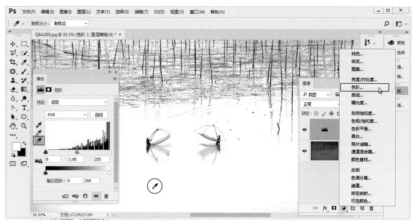

图 6-21

STEP 03 在【图层】面板中创建一个新图层"图层 1"，选择工具箱中的"画笔工具"，在工具选项栏中设置【不透明度】为 30%，前景色为白色，在画面的左下角、右下角以及下边缘区域反复涂抹，将原来的水面处理成白色，结果如图 6-22 所示。

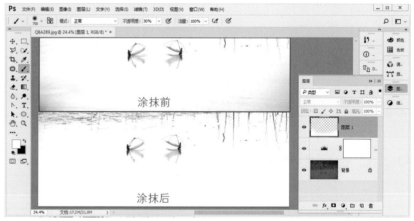

图 6-22

STEP 04 按下 Ctrl+Shift+Alt+E 快捷键盖印图层，得到"图层 2"，然后执行菜单栏中的【滤镜】>【模糊】>【动感模糊】命令，在打开的【动感模糊】对话框中设置【角度】为 90 度，【距离】为 40 像素，如图 6-23 所示，单击【确定】按钮，为竹竿添加一种虚幻效果。

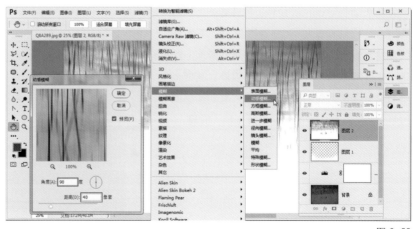

图 6-23

192

STEP 05 为"图层2"添加图层蒙版，然后选择工具箱中的"画笔工具"，在工具选项栏中设置【不透明度】为30%，设置前景色为黑色，在画面中拉网的人物上反复涂抹，将人物还原清晰，如图6-24所示。

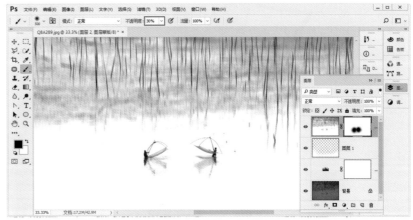

图6-24

STEP 06 在【图层】面板中调用【可选颜色】命令，在打开的【属性】面板中选择"白色"，调整【洋红】和【黄色】的值，再选择"中性色"，调整【青色】和【黄色】的值，如图6-25所示，适当调整高光区域的颜色。

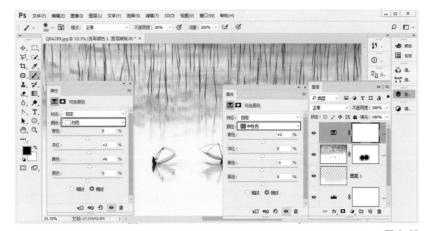

图6-25

STEP 07 执行菜单栏中的【窗口】>【直方图】命令，打开【直方图】面板，更改直方图为扩展视图，然后在【通道】下拉列表中选择"明度"，可以看到该照片的像素主要集中在高光部分，如图6-26所示。

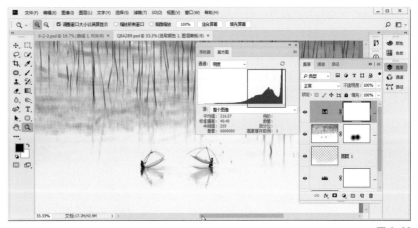

图6-26

193

6.2.3 意境残荷

　　无论是盛开的荷花还是残荷，都是摄影爱好者必拍的题材。残荷非常适合拍出极简效果，因为残荷往往出现在冬季，这时自然光线较暗，并且水面杂乱，不太容易构图。这时可以尝试拍一些画面简单又有意境的残荷，重点考虑画面的线条构成，然后结合后期技术，处理成高调的照片，简洁的线条和纯净的背景可以使画面唯美而有意境。

STEP 01 启动 Photoshop 软件，打开要处理的照片。这是一张冬季残荷照片，如图 6-27 所示，画面中的荷叶有多余的，需要进行精简，另外水面也不干净，所以本例将处理成高调的黑白照片，提升照片的欣赏性。

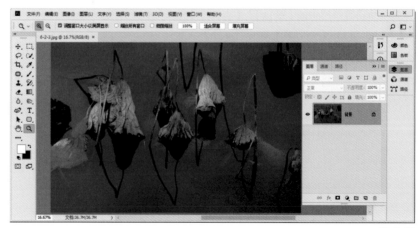

图 6-27

STEP 02 在【图层】面板中调用【黑白】命令，在打开的【属性】面板中先单击【自动】按钮，然后将【红色】【黄色】的滑块向左拖动，使荷叶更暗，将【青色】【蓝色】的滑块向右拖动，使水面更亮，如图 6-28 所示。

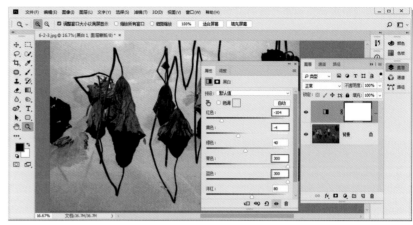

图 6-28

STEP 03 在【图层】面板中调用【色阶】命令，在打开的【属性】面板中分别调整白色滑块与灰色滑块，使画面的背景大部分都变为白色，此时要注意观察荷叶，不要出现明显的白色，如图 6-29 所示。

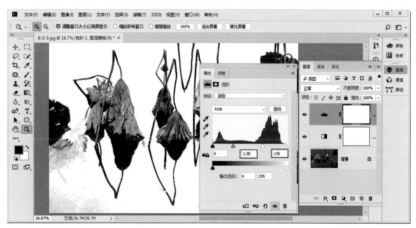

图 6-29

STEP 04 在【图层】面板中创建一个新图层"图层 1"。选择工具箱中的"画笔工具"，在工具选项栏中打开画笔选项板，设置画笔的【硬度】为 100%，然后设置【不透明度】为 100%，如图 6-30 所示。

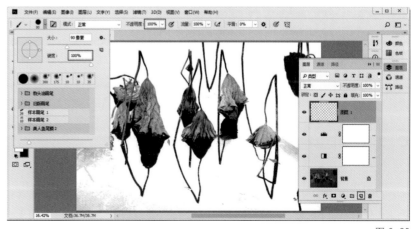

图 6-30

STEP 05 设置前景色为白色，随时调整画笔的大小，在画面中仔细涂抹，遮住不需要的荷叶，结果如图 6-31 所示。

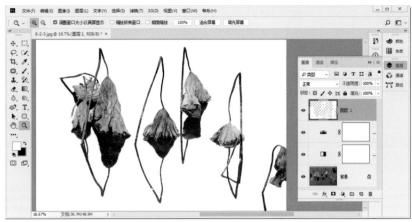

图 6-31

STEP 06 在【图层】面板中调用【曲线】命令，在打开的【属性】面板中调整曲线的形态，如图 6-32 所示，将高光点适当向下压一点，目的是使画面背景为亮灰色，这时便得到了一幅高调的黑白照片。

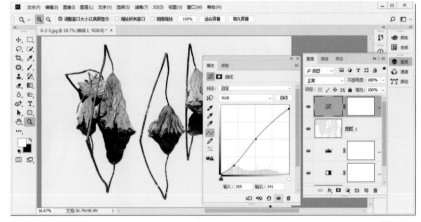

图 6-32

6.3 低饱和度效果

　　初学摄影后期的人，总喜欢将照片的饱和度调得很高，其实这也没有错。饱和度是颜色的一种属性，人类的视觉总是先关注到饱和度高的颜色，所以高饱和度的照片最容易抓住人的眼球，但是，高饱和度的照片也最容易引起视觉疲劳。所以，很多摄影爱好者经过一段时间以后，会越来越喜欢低饱和度的照片。下面将学习如何制作低饱和度的照片。

6.3.1 低饱和度风光照片

　　高饱和度的风光照片总是让人第一眼发现，让人有一种到实地去欣赏的冲动；而低饱和度的风光照片则让人比较淡然，但是越看越有味道。那么，如何将一幅风光摄影作品处理成低饱和度效果呢？通常有如下 3 种思路：一是在 ACR 中直接调节【饱和度】与【自然饱和度】选项；二是使用【色相 / 饱和度】命令；三是使用【黑白】命令并结合图层的不透明度来实现。

STEP 01 在 Bridge 中双击要处理的照片，则弹出 ACR 对话框。这是一张强光线下的海边礁石照片。首先在 ACR 中进行基本调整，分别调整【曝光】【对比度】【阴影】【清晰度】和【去除薄雾】的值，如图 6-33 所示。

Tips

ACR 中的【清晰度】是一个综合选项，提高或者降低清晰度时，画面的对比度、锐度、细节等都受影响。提高清晰度有助于提升照片的质感。

图 6-33

STEP 02 选择工具箱中的"套索工具"，在图像窗口中沿着礁石的暗部边缘拖动鼠标，建立选区，然后在【图层】面板中调用【曲线】命令，在【属性】面板中向上调整曲线，将选区内的图像提亮，再切换到【蒙版】子面板，调整【羽化】值为 48 像素，柔化选区的边缘，如图 6-34 所示。

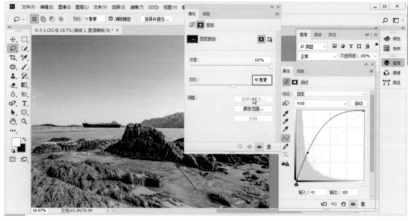

图 6-34

STEP 03 在【图层】面板中调用【黑白】命令，在打开的【属性】面板中单击【自动】按钮，然后分别调整【红色】【黄色】和【蓝色】选项的值，得到自己所需要的效果，最后设置"黑白"调整图层的【不透明度】为 80%，如图 6-35 所示，这样就得到了一种低饱和度的效果。

图 6-35

STEP 04 在【图层】面板中再次调用【曲线】命令，在【属性】面板中调整曲线的形态，如图 6-36 所示，将整幅照片提亮。

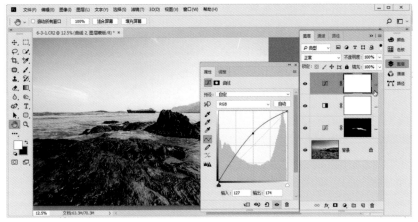

图 6-36

STEP 05 按下 Ctrl+I 快捷键，对"曲线"调整图层的蒙版进行反相处理，即由原来的白色蒙版变为黑色蒙版。选择工具箱中的"画笔工具"，设置前景色为白色，在工具选项栏中设置【不透明度】为 10%，然后在画面中需要提亮的区域反复涂抹，则形成了明暗反差，如图 6-37 所示。

图 6-37

STEP 06 按下 Ctrl+Shift+Alt+E 快捷键盖印图层，得到"图层 1"，执行菜单栏中的【滤镜】>【Camera Raw 滤镜】命令，打开 ACR 对话框，设置【高光】的值为 -14，如图 6-38 所示，最后单击【确定】按钮，适当找回部分高光细节。

图 6-38

STEP 07 选择工具箱中的"裁剪工具",在工具选项栏的【比例】下拉列表中选择16∶9的预设比例,在图像窗口中由左上角向右下角拖动鼠标,创建一个16∶9的裁剪框,如图6-39所示,在裁剪框内双击鼠标,完成本例的制作。

图 6-39

6.3.2 单色调风光照片

　　单色调照片往往会给我们带来不一样的视觉感受，它只以一种颜色表现照片的明暗变化，却更有艺术氛围，它的魅力来自鲜明生动的影调效果及其表达情感的独特方式，特别适合色调偏冷且颜色脏浊的风光照片。Photoshop 中有多种方法可以将普通照片转换为单色调照片，从而让照片获得全新的视觉效果，这里介绍利用混合模式制作单色调照片的方法。

STEP 01 启动 Photoshop 软件，打开要处理的照片，如果弹出 ACR 对话框，则不做任何调整，直接打开照片，如图 6-40 所示。这是一张普通的水景照片，照片不通透，画面颜色脏且杂。下面将它处理成单色调效果，从而营造不一样的视觉感受。

图 6-40

STEP 02 在【图层】面板中调用【纯色】命令，添加一个纯色图层，在打开的【拾色器】对话框中设置颜色为暗青色（RGB：40、70、80），单击【确定】按钮，最后在【图层】面板中设置该图层的混合模式为"颜色"，如图6-41所示，则得到单色调效果。

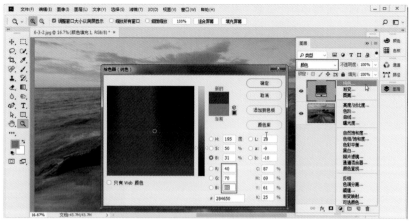

图 6-41

STEP 03 按下 Ctrl+Shift+Alt+E 快捷键盖印图层，得到"图层1"，执行菜单栏中的【滤镜】>【Camera Raw 滤镜】命令，在打开的ACR 对话框中分别调整【阴影】【清晰度】和【去除薄雾】选项的值，改善照片的明暗与质感，如图6-42所示。

图 6-42

STEP 04 切换到【镜头校正】参数面板，设置晕影下的【数量】值为 -100，【中点】值为 0，如图6-43所示，为照片添加暗角，最后单击【确定】按钮。

图 6-43

STEP 05 选择工具箱中的"画笔工具"，在工具选项栏中设置【不透明度】为10%，前景色为黑色，在画面中间反复涂抹，消除添加暗角对中心区域的影响，结果如图6-44所示。

图 6-44

STEP 06 在【图层】面板中调用【曲线】命令，在打开的【属性】面板中选择"蓝"通道，将曲线右上方的控制点向下调，左下方的控制点向上调，使画面的高光偏黄，暗部偏蓝，再选择"红"通道，将曲线左下方的控制点向上调，为照片的暗部添加一点红色，如图6-45所示。

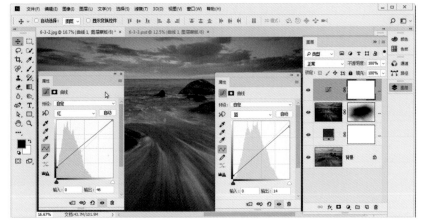

图 6-45

STEP 07 按下Ctrl+Shift+Alt+E快捷键盖印图层，得到"图层2"，执行菜单栏中的【滤镜】>【Camera Raw 滤镜】命令，在打开的ACR对话框中分别调整【对比度】【阴影】【白色】【黑色】【清晰度】和【去除薄雾】选项的值，进一步改善照片的明暗与质感，如图6-46所示，最后单击【确定】按钮，这样就得到了一种单色调效果。

图 6-46

山情水境喜日长
己亥年
春月
敬头制作

6.4 画意风光照片

　　画意摄影是大家比较喜欢的一种摄影风格，无论是人物、花鸟还是风光，都可以运用摄影与后期处理的技术手段达到一种唯美的绘画风格。实际上，画意摄影流派产生于19世纪80年代，来源于西方，那个时候主要是通过摄影技术来实现；中国风画意摄影则以郎静山先生为代表，他将中国画原理应用到了摄影当中。在数码摄影大众化的今天，摄影技术与后期技术都有了很大的发展，实现画意摄影的手段也比以前丰富、容易了。我们既可以通过前期拍摄直接成画，也可以通过后期技术进行模拟。对于风光摄影而言，可以结合后期技术创作出中国画、油画、水彩、素描等效果的画意作品。

6.4.1 中国画意境

　　很多摄影爱好者都喜欢将照片处理成中国画效果，如果要得到中国风画意效果，前期拍摄时，画面元素构成、虚实与远近关系、布局与留白等都要向中国画作品靠近，尽量避免强烈的光影关系。所以，从中国画意境的角度来说，在阴天或雾霾环境下拍摄反而更好一些。下面我们就将一张几乎是"废片"的风光照片处理成有中国画意境的画意摄影作品。

STEP **01** 启动 Bridge 软件，在 Bridge 窗口中双击要处理的照片，则弹出 ACR 对话框，如图 6-47 所示，从画面元素构成来看，这张照片非常有意境，但是雾霾天气导致照片不通透，更重要的是照片严重欠曝，按常规思路很难将这张照片处理好。

图 6-47

STEP **02** 在【基本】参数面板中先设置【去除薄雾】值为 20，再设置【曝光】值为 2.75，然后分别调整【高光】【阴影】【白色】和【黑色】值，使照片的高光趋亮，阴影趋暗，如图 6-48 所示。最后单击【打开图像】按钮，进入 Photoshop 工作环境。

图 6-48

STEP **03** 在【图层】面板中调用【黑白】命令，在打开的【属性】面板中选择"绿色滤镜"预设，如图 6-49 所示，则得到一张黑白效果的照片。

Tips

很多调色命令都有【预设】选项，它实际上是一组已经调整好的参数，用户可以直接调用，从而提高操作效率。

图 6-49

_{STEP} **04** 在【图层】面板中调用【曲线】命令，在【属性】面板中调整曲线的形态，如图 6-50 所示，控制好画面的层次，尤其是远山的层次，尽量让水面与天空趋于白色。

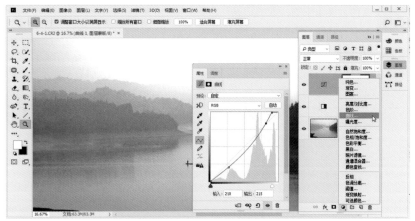

图 6-50

_{STEP} **05** 按下 Ctrl+Shift+Alt+E 快捷键盖印图层，得到"图层 1"，执行菜单栏中的【滤镜】>【模糊】>【高斯模糊】命令，在打开的【高斯模糊】对话框中设置【半径】值为 23 像素，然后单击【确定】按钮，如图 6-51 所示。

图 6-51

_{STEP} **06** 在【图层】面板中设置"图层 1"的混合模式为"颜色加深"，然后为"图层 1"添加图层蒙版，选择工具箱中的"画笔工具"，在工具选项栏中设置【不透明度】为 10%，前景色为黑色，在画面中较暗的区域反复涂抹，还原山体的细节，结果如图 6-52 所示。

图 6-52

STEP 07 选择工具箱中的"套索工具"，在画面中拖动鼠标，选择水面区域，然后在【图层】面板中调用【曲线】命令，调整曲线的形态，如图 6-53 所示，将水面调整成白色。

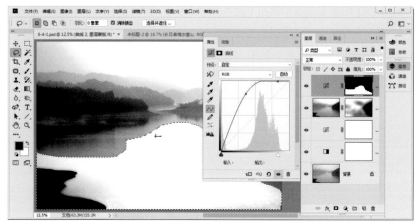

图 6-53

STEP 08 在【属性】面板中切换到【蒙版】子面板，调整【羽化】值为 300 像素，则生硬的选区边缘得到了柔化，亮部与暗部自然地融合为一体，如图 6-54 所示。

Tips
羽化的作用是控制选区边缘的柔化程度，无论是填充还是调整操作，如果希望得到非常自然的过渡，就需要设置较大的羽化值。

图 6-54

STEP 09 选择工具箱中的"裁剪工具"，在工具选项栏的【比例】下拉列表中选择16：9 的预设比例，在图像窗口中从左上角向右下角拖动鼠标，创建一个 16：9 的裁剪框，如图 6-55 所示，在裁剪框内双击鼠标，重新构图，减小水面的比例。

图 6-55

STEP
10 在【图层】面板中调用【图案】命令，
添加一个图案图层，在打开的【图案填充】对话框中选择一个亚麻纹理的图案，单击【确定】按钮，如图 6-56 所示。

Tips

为具有画意的风光摄影作品叠加上一层淡淡的黄色纹理，会进一步增强作品的中国画意境，这是从画面的质感上模仿国画。

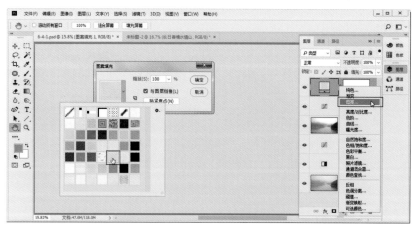

图 6-56

STEP
11 中国画一般都有题款，字体为书法字体。
这里选择工具箱中的"直排文字工具"（如果使用"横排文字工具"，文字需要反着输入），在工具选项栏中设置合适的字体和大小，输入文字，如图 6-57 所示。注意两组文字是分两次输入的，字体与大小也不相同，所以有两个文字图层。

图 6-57

STEP
12 打开提前准备好的印章图像，将它复制
到当前画面中，调整好大小与位置，并且设置该图层的混合模式为"正片叠底"，进一步增加中国画意境，如图 6-58 所示。到此为止完成了本例的制作。

Tips

一般题款印章的大小约等于或略小于署名文字的大小。至于印章的位置，如果署名下空白多就盖在下边，如果署名下空白少则可盖在左边。

图 6-58

6.4.2 水彩画意境

　　早期的画意摄影作品主要是模拟油画意境。在当今的数码时代，画意摄影的概念越来越宽泛了，我们可以通过数码后期技术的处理，将一张照片处理成各种画风，除了油画、中国画之外，也可以制作出水彩画、素描、版画等不同的绘画风格。水彩画的特点是画面清澈，水色交融的笔触滋润流畅。下面将一幅江南水乡的照片处理成水彩画效果。

STEP 01 在 Bridge 窗口中双击要处理的照片，则弹出 ACR 对话框，在工具栏中选择"变换工具"，在右侧的参数面板中单击【自动：应用平衡透视校正】按钮，如图 6-59 所示，自动校正画面的倾斜度。

图 6-59

STEP
02 在【基本】参数面板中单击【自动】，在此基础上进一步调整照片的影调。这里主要调整了【曝光】【高光】【阴影】【白色】和【黑色】的值，然后设置【清晰度】为32，【去除薄雾】为42，如图 6-60 所示，单击【打开图像】按钮，进入 Photoshop 工作环境。

图 6-60

STEP
03 按下 Ctrl+J 快捷键，复制背景图层得到"图层 1"，执行菜单栏中的【滤镜】>【滤镜库】命令，在打开的滤镜库对话框中选择"艺术效果"组中的"干画笔"滤镜，设置参数，如图 6-61 所示，单击【确定】按钮，使画面产生水色相融的感觉。

图 6-61

STEP
04 再次按下 Ctrl+J 快捷键，复制"图层 1"得到"图层 1 拷贝"，执行菜单栏中的【滤镜】>【滤镜库】命令，在打开的滤镜库对话框中选择"素描"组中的"影印"滤镜，设置参数，如图 6-62 所示，单击【确定】按钮，提取线条。

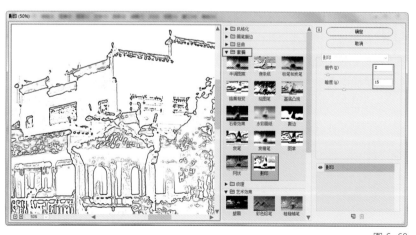

图 6-62

STEP 05 在【图层】面板中设置"图层 1 拷贝"的混合模式为"柔光",使画面变得非常清澈明亮,如图 6-63 所示。

图 6-63

STEP 06 在【图层】面板中选择背景图层,按下 Ctrl+J 快捷键,再次复制背景图层得到"背景拷贝"图层,将该图层调整到面板的最上方,然后执行菜单栏中的【滤镜】>【滤镜库】命令。注意,这里是指菜单中的第一个命令,如图 6-64 所示。

Tips

【滤镜】菜单中的第一个命令是动态的,始终显示上一次使用的滤镜,执行该命令,可以不打开滤镜对话框就能得到相同参数的滤镜效果。

图 6-64

STEP 07 在【图层】面板中设置"背景拷贝"图层的混合模式为"颜色加深",然后设置【不透明度】值为 67%,如图 6-65 所示,使图像的轮廓更细腻一些。

图 6-65

STEP 08 按下 Ctrl+Shift+Alt+E 快捷键盖印图层，得到"图层 2"，执行菜单栏中的【滤镜】>【滤镜库】命令，在打开的滤镜库对话框中选择"纹理"组中的"纹理化"滤镜，设置参数，如图 6-66 所示，单击【确定】按钮，为照片添加纹理。

图 6-66

STEP 09 选择工具箱中的"裁剪工具"，在工具选项栏的【比例】下拉列表中选择16：9的预设比例，在图像窗口中从左上角向右下角拖动鼠标，创建一个 16：9 的裁剪框，如图 6-67 所示，在裁剪框内双击鼠标，重新构图，至此就将一幅照片处理成了水彩画效果。

图 6-67

6.5 HDR 效果的制作

　　HDR 效果也是一种比较流行的摄影风格，很多摄影爱好者都非常痴迷于 HDR 效果的制作。所谓 HDR 其实就是高动态范围，反映在照片上，就是照片的宽容度比较大，高光、阴影与中间调都能表现出丰富的细节，层次质感非常细腻。在后期技术方面，制作 HDR 效果的工具很多，既有独立的 HDR 工具，如 Photomatix Pro，也有 Photoshop 插件，如 HDR Efex Pro。另外，Photoshop 本身也提供了强大的 HDR 命令。下面主要学习 HDR 效果的制作。

6.5.1 使用 ACR 制作 HDR 效果

　　在拍摄风光照片时，如果光线反差较大，很考验摄影师的曝光技术，但是如果使用包围曝光技术进行拍摄，然后结合 Photoshop 中的 HDR 功能，就可以很好地解决光线问题。下面学习如何利用 Photoshop 自身的 HDR 功能来制作 HDR 效果。

STEP 01 在前期包围曝光拍摄时一般可以包围 5
张，这样细节会更好。在 Bridge 中同
时选中要进行 HDR 处理的 5 张照片，选择时
可以按住 Ctrl 键依次单击要选择的照片。双击
选中的照片，则弹出 ACR 对话框，其左侧显
示了准备处理的照片，如图 6-68 所示。

图 6-68

STEP 02 在 ACR 对话框中单击【胶片】右侧的小按钮，在打开菜单中先选择【全选】命令，再选择【合并到 HDR】命令，这时会弹出一个进度条，提示正在合并处理，如图 6-69 所示。

图 6-69

STEP 03 合并完成后将弹出【HDR 合并预览】对话框，这时单击【合并】按钮，在打开的【合并结果】对话框中指定保存位置与名称，然后单击【保存】按钮，如图 6-70 所示。

图 6-70

STEP 04 将合并后的 HDR 文件保存以后，将返回到 ACR 对话框中，并且合并后的照片会出现在【胶片】列表的最下方，右侧的参数已经由计算机自动调整，这里可以再适当调整一下【去除薄雾】的值，为照片提高一点通透度，如图 6-71 所示。最后单击【打开图像】按钮，进入 Photoshop 工作环境。

图 6-71

STEP 05 执行菜单栏中的【滤镜】>【Camera Raw 滤镜】命令，重新返回 ACR 对话框，进行二次调整，首先单击【自动】，然后修改【曝光】和【去除薄雾】的值，再设置【色温】为 +12，如图 6-72 所示，最后单击【确定】按钮完成操作。

图 6-72

STEP 06 使用工具箱中的"套索工具"选择右上方的路灯，执行菜单栏中的【编辑】>【填充】命令，在打开的【填充】对话框中，设置【内容】选项为"内容识别"，然后单击【确定】按钮，如图 6-73 所示，便可非常完美地修掉了多余的路灯。

图 6-73

STEP 07 执行菜单栏中的【滤镜】>【Camera Raw 滤镜】命令，打开 ACR 对话框，在【基本】参数面板中分别调整【高光】【阴影】【去除薄雾】和【自然饱和度】的值，进一步控制照片的影调与色调，如图 6-74 所示，单击【确定】按钮，完成 HDR 效果的最终制作。

图 6-74

214

6.5.2 使用插件制作 HDR 效果

Photoshop 的功能已经非常强大，但是它还可以安装第三方插件，比如调色插件、光线插件等，这使得 Photoshop 功能得到了无限的扩展，让照片的后期处理工作变得越来越简单。Nik Collection 是一套业界知名的照片后期处理工具，其中的 HDR Efex Pro 就是一款不错的 HDR 插件，下面使用这款插件制作城市风光的 HDR 效果。

STEP 01 启动 Photoshop 软件，打开要处理的照片，如果弹出 ACR 对话框，则不做任何调整，直接打开照片。按下 Ctrl+J 快捷键，复制背景图层得到"图层 1"，如图 6-75 所示，这是一张很平淡的城市风光照片，下面借助 HDR Efex Pro 插件使它产生不一样的视觉效果。

图 6-75

STEP 02 执行菜单栏中的【滤镜】>【Nik Collection】>【HDR Efex Pro 2】命令，在打开的【HDR Efex Pro 2】对话框中选择第7个预设效果，保持默认参数值即可，如图6-76所示，单击【确定】按钮，使画面变得明亮而且使光比变小。

图6-76

STEP 03 按下 Ctrl+Alt+2 快捷键，选择照片的高光区域，在【图层】面板中调用【曲线】命令，在打开的【属性】面板中调整曲线的形态，如图6-77所示，进一步压暗高光。

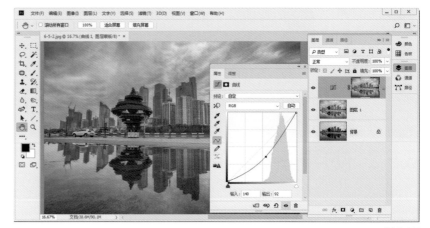

图6-77

STEP 04 按下 Ctrl+Shift+Alt+E 快捷键盖印图层，得到"图层1"，执行菜单栏中的【滤镜】>【Camera Raw 滤镜】命令，打开 ACR 对话框，重新调整影调与色调，参数值如图6-78所示，单击【确定】按钮，完成本例的最终制作。

图6-78

CHAPTER
07

风光摄影后期的合成与创意

在摄影圈内有一种观点：后期处理时不要添加或删减元素。这显然是一种积极的摄影态度，没有任何问题。但是任何观点都是有前提的，例如，广告摄影或创意摄影后期处理时难免要添加或删减一些元素。而对于风光摄影作品来说，后期处理时也会涉及一些简单的合成，从而弥补前期拍摄时留下的遗憾或完成前期拍摄时未完成的任务，如天空惨白、全景接片、星轨等。当然，如果有兴趣，也可以对风光摄影作品进行创意合成。

通过阅读本章您将学会：

全景图的接片技法
天空的合成技术
"耶稣光"的合成
自然元素的合成
逼真的水面倒影制作
创意合成思路与方法

7.1 全景图的接片

大多数摄影爱好者都喜欢拍摄全景图，目前来说，这已经不是什么高难度技术，使用 Photoshop 提供的接片功能就可以轻而易举地得到全景图。不过在前期拍摄时要注意一些问题，比如，必须使用三脚架稳定相机，并保持水平转动相机，相邻的照片至少重叠 25%，最好采用竖幅拍摄，这样可以得到更大尺寸的照片。

7.1.1 利用 ACR 进行接片

Photoshop 的功能越来越强大，特别是对 RAW 格式的照片的处理功能日臻完善，在 ACR 9.0 以上的版本中，可以对 RAW 格式的照片进行拼接操作。这一项新增的功能具有操作简便的优势，可以自动裁剪，自动调整照片之间的色差，并且可以保证在整个接片过程中画质损失最少。下面介绍如何在 ACR 中进行接片。

STEP 01 在 Bridge 中同时选中要进行拼接的多张照片。可以按住 Ctrl 键依次单击要选择的照片。

STEP 02 在 Bridge 中双击选中的照片，则自动启动 Photoshop 并弹出 ACR 对话框，其左侧显示准备拼接的照片，如图 7-1 所示。

图 7-1

STEP 03 在 ACR 对话框中单击【胶片】右侧的小按钮，将出现一个菜单，选择【全选】命令或者按下 Ctrl+A 快捷键，如图 7-2 所示，选择所有要拼接的照片。这时单击右侧参数面板中的【自动】，可以同步调整所有照片的曝光情况。

STEP 04 再次打开【胶片】右侧的菜单，选择其中的【合并到全景图】命令。

图 7-2

STEP 05 在打开的【全景合并预览】对话框中选择【球面】投影方式，预览框内将显示接片后的效果，如图 7-3 所示。

Tips

球面： 将图像映射到球面内部，使用该选项可创建 360 度全景图。

圆柱： 通过在展开的圆柱上显示各个图像来减少图像扭曲，该投影最适合用于创建广角全景图。

透视： 将源图像中的一个图像作为参考，其他图像进行伸展或斜切，以匹配源图像。该投影方式变形最大。

图 7-3

STEP 06 为了避免接片后在图像的边缘出现透明区域，可以选择【自动裁剪】选项，也可以改变【边界变形】的值，通过让照片边缘变形来填充周围的空白区域，如图 7-4 所示。

图 7-4

STEP 07 单击【合并】按钮，则弹出【合并结果】对话框，要求用户以 DNG 格式保存接片后的文件，如图 7-5 所示。

Tips

DNG 格式是 Adobe 公司开发的一种用于数码相机生成的原始数据文件的公共存档格式。它解决了不同型号相机的原始数据文件之间缺乏开放式标准的问题，依然是一种无损调整格式，用户随时可以对 DNG 格式文件进行调整。

图 7-5

STEP 08 将拼接后的照片保存为 DNG 文件以后，它将自动出现在 ACR 对话框中，如图 7-6 所示。这时可以像调整 RAW 格式的照片一样对它进行调整。

STEP 09 最后，单击【打开图像】按钮，进入 Photoshop 工作界面，适当调整后另存为 JPEG 格式，最终效果如图 7-7 所示。

图 7-6

图 7-7

7.1.2 利用自动接片命令

除了可以在 ACR 中完成接片外，Photoshop 还提供了 Photomerge（照片合并）命令，这是一个自动接片命令，用户只要将照片导入【Photomerge】对话框中，并选择合适的接片模式，一切操作由电脑自动完成。当然，照片与照片之间必须保证有一定的重叠，否则无法完成自动接片。

STEP 01 启动 Photoshop 软件，执行菜单栏中的【文件】>【自动】>【Photomerge】命令，则弹出【Photomerge】对话框，如图 7-8 所示。

Tips

【Photomerge】对话框中提供了 6 种不同的版面，实际上就是接片时的不同处理方式。普通的接片一般选择【自动】或【调整位置】选项；【透视】将会以一幅图像为标准，对其他图像进行变形匹配；【圆柱】适合宽幅接片；【球面】用于创建360 度全景图；【拼贴】可以对齐图层并匹配重叠内容。

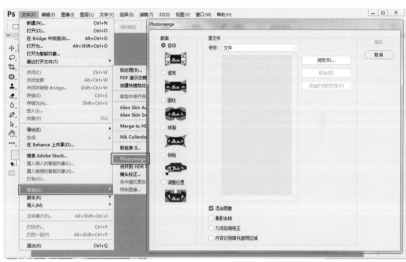

图 7-8

STEP 02 在【Photomerge】对话框中单击【浏览】按钮，在弹出的【打开】对话框中单击第一张照片将其选中，然后按住 Shift 键单击最后一张照片，选择所有用于接片的照片，再单击【打开】按钮，如图 7-9 所示。

Tips

如果要进行拼接的风光照片已经在 Photoshop 中打开，可以直接单击【添加打开的文件】按钮，导入【Photomerge】对话框中。

图 7-9

STEP 03 将照片导入【Photomerge】对话框中以后，通常情况下，在左侧的版面栏中选择【自动】或【调整位置】选项，然后在下方根据情况选择【混合图像】【晕影去除】【几何扭曲校正】或【内容识别填充透明区域】选项，如图 7-10 所示。

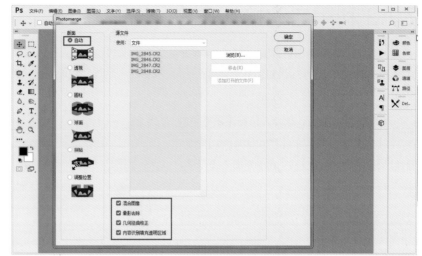

图 7-10

STEP 04 单击【确定】按钮，Photoshop 软件经过一段时间的计算，自动拼接了多张照片。这个过程的长短由照片的数量、大小与计算机的配置决定。

完成接片以后，观察【图层】面板，可以看到该功能是借助图层蒙版完成的照片拼接，如图 7-11 所示。最上方的图层是由于勾选了【内容识别填充透明区域】选项才产生的，这是一项新功能，最终接片效果如图 7-12 所示。

图 7-11

图 7-12

7.1.3 利用【自动混合图层】命令

Photoshop 中的【自动混合图层】命令是一个非常神奇的命令，它可以让具有重叠部分的图像实现拼接或融合，从而获得过渡平滑的图像效果。这个命令的用途很广泛，利用它进行接片也是一种高效的实用手段，下面介绍如何利用【自动混合图层】命令进行全景图接片。

STEP 01 启动 Photoshop 软件，执行菜单栏中的【文件】>【脚本】>【将文件载入堆栈】命令，则弹出【载入图层】对话框，如图 7-13 所示。

图 7-13

STEP 02 单击【浏览】按钮，载入要拼接的照片，然后选择【尝试自动对齐源图像】选项，如图 7-14 所示。

Tips

如果不选择【尝试自动对齐源图像】选项，将照片载入图层后，还需要执行菜单栏中的【编辑】>【自动对齐图层】命令。

图 7-14

STEP 03 单击【确定】按钮，经过片刻的计算，指定的照片将出现在同一个文件的不同图层中，同时，两张照片将自动对齐，如图 7-15 所示。

图 7-15

226

STEP **04** 执行菜单栏中的【编辑】>【自动混合图层】命令，在打开的【自动混合图层】对话框中选择【全景图】选项，同时选择【无缝色调和颜色】【内容识别填充透明区域】选项，如图 7-16 所示。

Tips

选择【无缝色调和颜色】选项，Photoshop 可以适当调整两张照片的颜色和色调，以便更好地进行混合。

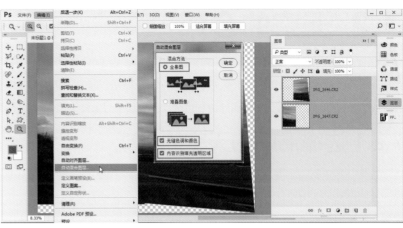

图 7-16

STEP **05** 单击【确定】按钮，Photoshop 经过一段时间的计算即可完成接片。此时观察【图层】面板，可以看到该功能是借助图层蒙版完成照片拼接的，并且最上方出现了一个完整的图层，如图 7-17 所示。

图 7-17

STEP **06** 由于没做任何处理，拼接后的照片有些偏暗。执行菜单栏中的【滤镜】>【Camera Raw 滤镜】命令，在打开的 ACR 对话框中调整一下曝光参数，如图 7-18 所示，对照片进行适当处理，最后单击【确定】按钮，就可以得到比较理想的接片效果。

图 7-18

7.2 天空的合成

经常拍摄风光的影友都知道，天空惨白是风光片中常见的问题，因此，换天空成了风光摄影爱好者经常讨论的话题。从技术角度而言，换天空的方法很多，涉及选择工具、图层、蒙版、通道、混合模式等内容，用户必须会使用这些工具，另外还要做到"无痕合成"。总体而言，天空的合成分两种情况：一是天空与主体的边缘比较清晰，二是天空与主体的边缘复杂。

7.2.1 边缘清晰的天空的合成

当照片中的主体与天空之间的边缘比较硬朗清晰时，换天空的思路比较简单，只要将天空部分选择出来或者分离出来即可。接下来的操作可以利用复制与粘贴、图层蒙版、剪贴蒙版等，也可以利用图层的上下关系来完成。换天空的关键是处理好天空与主体之间的衔接，一定要协调自然，所以选择一幅合适的天空素材图片是十分重要的。下面利用同一个案例学习 3 种不同的换天空技法。

复制粘贴法

STEP 01 启动 Photoshop 软件，打开要换天空的照片。这张照片中的天空云层比较惨淡，如图 7-19 所示。下面利用"复制与粘贴"的方法为其换一个有震撼力的天空。

> **Tips**
>
> 拍摄风光摄影作品时，如果逆光拍摄，而且光比过大，容易造成天空一片惨白的问题，此时可以在前期使用包围曝光拍摄，或者在后期换天空。

图 7-19

STEP 02 再打开一幅要使用的天空照片，按下 Ctrl+A 快捷键全选图像，执行菜单栏中的【编辑】>【拷贝】命令，如图 7-20 所示。

> **Tips**
>
> 为照片换天空时，天空图片的选择很重要，除了要有漂亮的云彩之外，在时间段的选择、光线的方向上，都要与原照片尽可能地匹配。

图 7-20

228

STEP 03 切换到要换天空的图像窗口。选择工具箱中的"快速选择工具",在照片中的天空位置拖动鼠标,就可以快速地将天空选择出来。执行菜单栏中的【编辑】>【选择性粘贴】>【贴入】命令,如图 7-21 所示。

图 7-21

STEP 04 执行了【贴入】命令以后,观察【图层】面板可以发现,生成了一个带有蒙版的图层,单击该图层缩览图,选择图层中的图像,按下 Ctrl+T 快捷键,向上拖动下边缘中间的控制点,将天空适当压扁一些,如图 7-22 所示。

Tips

使用【贴入】命令产生的图层蒙版与平时为图层添加的蒙版是不同的,仔细观察,可以看到图层与蒙版之间没有锁定,这样可以分别调整图层中的图像与蒙版,两者互不影响。

图 7-22

STEP 05 按下 Enter 键确认变换操作,可以看到这时的照片非常完美,不仅有漂亮的山体,还有绚丽的天空,如图 7-23 所示。

Tips

利用【拷贝】与【贴入】命令,是最容易理解、最容易操作的一种换天空方法,但前提是要精确地选择出天空区域。

图 7-23

对于后期技术而言，没有一种方法是万能的，"死记步骤"的学习方法是不可取的。所以正确理解每一步操作的目的才是最重要的，一定要夯实基础，活学活用，培养自己提出问题、解决问题的能力。下面以同样的素材来完成换天空的操作，介绍另外两种技法，可以看出，操作步骤与上面的方法是不同的。

抠图衬底法

STEP 01 打开要换天空的照片。使用"快速选择工具"选择天空区域，然后执行菜单栏中的【选择】>【反选】命令，如图7-24所示，或者按下 Ctrl+Shift+I 快捷键，这样就选择了山体部分。

图 7-24

02 按下 Ctrl+J 快捷键，将选择的山体部分复制到新图层"图层 1"中，如图 7-25 所示。这样操作的目的是将山体从原图像中分离出来。

Tips

解决问题的思路不同，操作方法就不同。在下面的操作步骤中，大家要仔细体会每一步操作的目的，真正做到融会贯通。

图 7-25

03 打开要使用的天空照片，按下 Ctrl+A 快捷键，全选图像，再按下 Ctrl+C 快捷键进行复制，然后切换到山体照片，按下 Ctrl+V 快捷键，粘贴复制的天空图片，则得到"图层 2"。在【图层】面板中将"图层 2"调整到"图层 1"的下方，如图 7-26 所示，这样就完成了换天空操作。

图 7-26

剪贴蒙版法

这里不是承接上一步的操作，而是给出另外一种思路。选择天空区域以后，直接按下 Ctrl+J 快捷键，将天空区域分离到"图层 1"中，然后将要使用的天空图片复制到当前图像中，产生"图层 2"，确保"图层 2"在"图层 1"的上方，按下 Alt+Ctrl+G 快捷键创建剪贴蒙版即可，如图 7-27 所示。

图 7-27

7.2.2 边缘复杂的天空的合成

　　当风光片中的主体与天空边缘比较复杂，而且天空没有层次或一片惨白时，这一类的照片如果需要换天空，操作上可能会复杂一些。大部分人的思路是将主体对象利用通道、选择与遮住等方法抠出来，然后替换天空。这样的思路不能说不正确，但起码是浪费时间的，既需要操作者有扎实的 Photoshop 技能，又需要抠图操作干净利索，不留白边。其实这有相当大的难度，特别是存在细碎的对象（如树枝、毛发等）时，边缘的处理非常困难。这里介绍一种相对简单的方法，不需要抠图就可以完成。

STEP 01 启动 Photoshop 软件，打开要换天空的照片。这张照片的意境很唯美，但是天空很不给力，如图 7-28 所示。

图 7-28

STEP 02 打开要使用的天空照片，参照前面的方法，将天空照片复制并粘贴到当前图像中，则产生"图层1"，如图 7-29 所示。在图像窗口中调整好天空的位置，设置"图层1"的混合模式为"正片叠底"。

图 7-29

STEP 03 双击"图层1"的缩览图，则弹出【图层样式】对话框，向右拖动【下一图层】左侧的黑滑块到 125 的位置上，然后按住 Alt 键拖动右侧的黑滑块到 247 的位置上，如图 7-30 所示，最后单击【确定】按钮关闭对话框。

Tips

这一步操作的目的就是让底层图像的暗部渗透到本图层中，将黑色滑块分离可以起到"羽化"效果，使上下两个图层的混合更自然。

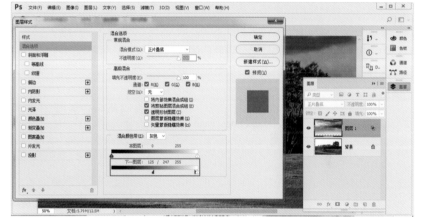

图 7-30

STEP 04 为"图层1"添加图层蒙版，设置前景色为黑色，选择"画笔工具"，在工具选项栏中先设置【不透明度】为 100%，在地面部位进行涂抹，然后修改【不透明度】为 10%，使用大画笔在天地相接的位置、树与天空重合的位置进行涂抹，使之融合自然，如图 7-31 所示。

图 7-31

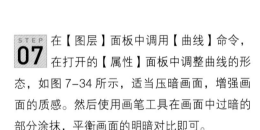

STEP 05 在【图层】面板中调用【色阶】命令，在打开的【属性】面板中适当向左调整白色滑块，重点观察树冠部分，使之变亮一些，如图 7-32 所示。

Tips

这一步也可以先粗略地选择树冠，然后再调用【色阶】命令，这样编辑蒙版会节约一些时间。

图 7-32

STEP 06 选择工具箱中的"画笔工具"，在工具选项栏中设置【不透明度】为 30%，前景色为黑色，在画面中除树冠部分以外的区域反复涂抹，恢复画面原来的亮度，要处理树冠边缘的过渡，结果如图 7-33 所示。

图 7-33

STEP 07 在【图层】面板中调用【曲线】命令，在打开的【属性】面板中调整曲线的形态，如图 7-34 所示，适当压暗画面，增强画面的质感。然后使用画笔工具在画面中过暗的部分涂抹，平衡画面的明暗对比即可。

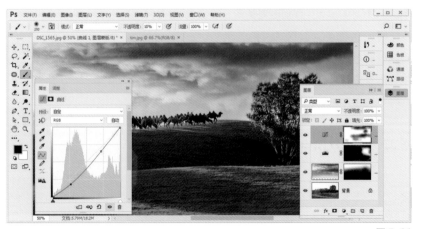

图 7-34

7.3 "耶稣光"的合成

大家都知道,摄影是用光的艺术,光线的魅力是无穷的。对于摄影爱好者来说,能够遇到"耶稣光"是一件非常幸运的事情,它能够为风光照片带来一种神圣的静谧感,美到让人沉醉。在物理学中,"耶稣光"称为丁达尔现象,是指一束光线透过胶体时形成的一条明亮的"光带"。在自然风光中,它靠雾、烟或大气中的灰尘才能出现。如果我们拍摄的风光作品中"耶稣光"不那么强烈,或者根本没有"耶稣光",那么如何依靠后期技术来实现呢?下面学习两种"耶稣光"的合成方法。

7.3.1 动感模糊法

利用"动感模糊"滤镜制作"耶稣光"的基本思路如下:首先使用画笔工具沿着相同的方向涂抹一些粗细不等、长短不一的白色线条,然后使用"动感模糊"滤镜进行动感虚化,将虚化后的线条作为光束使用,再借助自由变换操作调整光束的方向与角度,从而模拟出"耶稣光"效果。

STEP 01 打开要处理的照片，可以看到这张照片的光源在左上角，略有一点丁达尔光线的感觉，但是不够明显，如图 7-35 所示。下面通过后期技术来强化这束光线。

图 7-35

STEP 02 在【图层】面板中调用【曲线】命令，在打开的【属性】面板中调整曲线的形态，如图 7-36 所示，适当压暗画面，这样可以反衬光线效果。

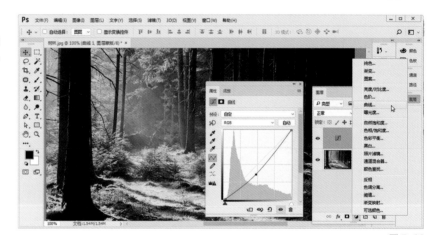

图 7-36

STEP 03 在【图层】面板中创建一个新图层"图层 1"，选择工具箱中的"画笔工具"，设置前景色为白色，在工具选项栏中设置【不透明度】为 100%，随机控制画笔的大小，在画面中画一些线条，方向要一致，如图 7-37 所示。

图 7-37

STEP **04** 执行菜单栏中的【滤镜】>【模糊】>【动感模糊】命令，在打开的【动感模糊】对话框中设置参数，如图 7-38 所示，单击【确定】按钮，则出现垂直的光线。

图 7-38

STEP **05** 按下 Ctrl+T 快捷键，为垂直的光线添加变换框，然后在按住 Ctrl 键的同时分别调整 4 个角端的控制点，位置如图 7-39 所示，这样就与光的方向完全吻合了，最后按下 Enter 键确认变换操作。

Tips

为了便于调整控制点的位置，需要将画面缩小显示，按 Ctrl+- 快捷键即可。否则调整不出理想的光线状态。

图 7-39

STEP **06** 由于制作出来的光线比较生硬，还需要模糊一下，使其柔和一些。执行菜单栏中的【滤镜】>【模糊】>【高斯模糊】命令，在打开的【高斯模糊】对话框中设置参数，如图 7-40 所示，单击【确定】按钮，使光线更加逼真。

图 7-40

STEP 07 选择工具箱中的"快速选择工具"，在画面左侧黑色的树干上拖动鼠标，将其选中，然后按住 Alt 键在【图层】面板中单击【添加图层蒙版】按钮，则光线出现在树干的后面，真实感更强，如图 7-41 所示。

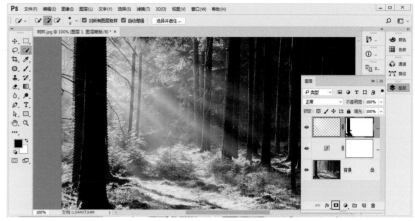

图 7-41

STEP 08 按下 Ctrl+J 快捷键，复制"图层 1"得到"图层 1 拷贝"。单击"图层 1"的缩览图，执行菜单栏中的【滤镜】>【模糊】>【高斯模糊】命令，在打开的【高斯模糊】对话框中设置参数，如图 7-42 所示，进一步模糊光线。

图 7-42

STEP 09 在【图层】面板中选择"图层 1 拷贝"图层为当前图层，然后按下 Ctrl+Alt+2 快捷键，选择高光区域，再调用【曲线】命令，在打开的【属性】面板中选择"蓝"通道，将曲线的顶点往下压，使光线偏暖，选择"RGB"通道，将曲线向上调，适当提亮光线，如图 7-43 所示，从而得到理想的"耶稣光"效果。

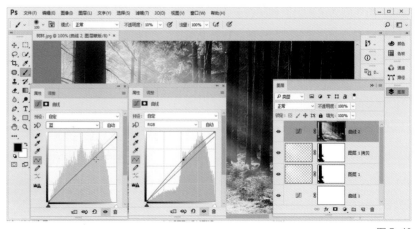

图 7-43

7.3.2 使用光束画笔

天空中出现"耶稣光"时，太阳一般藏在厚厚的云层中，明亮的光线透过云的缝隙投射下来，而大气中存在灰尘或雾气，就会出现"耶稣光"的壮阔画面。在后期处理技术中，除了可以利用前面介绍的方法制作"耶稣光"以外，还有一种非常高效的方法，就是利用光束画笔，当然这种画笔需要提前制作。

STEP 01 首先打开要处理的照片，如图 7-44 所示。这张照片的天空云层偏暗，而上方太阳的位置明显过曝，隐约有"耶稣光"呈现，下面我们借助这张照片学习使用画笔添加"耶稣光"的方法。

图 7-44

239

STEP 02 选择工具箱中的"画笔工具"，在工具选项栏中单击【画笔预设】右侧的下拉按钮，打开画笔选项板，单击右上角的 ✿ 按钮，在弹出的菜单中选择【载入画笔】命令，选择光束画笔，如图 7-45 所示，单击【载入】按钮，将光束画笔载入 Photoshop 中。

图 7-45

STEP 03 在【图层】面板中创建一个新图层"图层 1"，在画笔工具选项栏中选择刚刚载入的一种光束画笔，将其调整到适当的大小，如图 7-46 所示，再设置前景色为白色，在画面中的同一位置单击两次鼠标，绘制出光线。

图 7-46

STEP 04 按下 Ctrl+T 快捷键，为绘制的光线添加变换框，然后在按住 Ctrl 键的同时分别调整 4 个角端的控制点，位置如图 7-47 所示，最后按下 Enter 键确认变换操作。

图 7-47

STEP **05** 按下 Ctrl+J 快捷键，复制"图层 1"得到"图层 1 拷贝"。暂时隐藏"图层 1 拷贝"，并选择"图层 1"为当前图层，执行菜单栏中的【滤镜】>【模糊】>【高斯模糊】命令，在打开的【高斯模糊】对话框中设置【半径】为 40 像素，如图 7–48 所示，单击【确定】按钮，使光线模糊。

图 7–48

STEP **06** 在【图层】面板中显示"图层 1 拷贝"，并选择该图层为当前图层，再次执行【高斯模糊】命令，在【高斯模糊】对话框中设置【半径】为 9 像素，如图 7–49 所示，单击【确定】按钮。

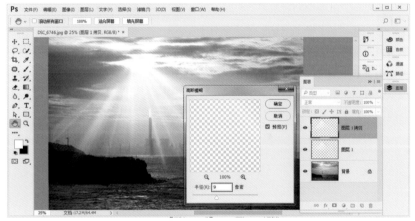

图 7–49

STEP **07** 在【图层】面板下方单击【添加图层蒙版】按钮，为"图层 1 拷贝"添加图层蒙版。选择工具箱中的"画笔工具"，在工具选项栏中设置【不透明度】为 10%，前景色为黑色，在画面中的光线上反复涂抹，使光线更逼真一些，结果如图 7–50 所示。

图 7–50

STEP 08 按下 Ctrl+J 快捷键，复制"图层 1 拷贝"得到"图层 1 拷贝 2"，按下 Ctrl+T 快捷键添加变换框，然后在按住 Ctrl 键的同时调整下边缘中间的控制点，位置如图 7-51 所示，最后按下 Enter 键确认变换操作。

图 7-51

STEP 09 按住 Ctrl 键的同时单击"图层 1 拷贝 2"的缩览图，载入选区，在【图层】面板中调用【曲线】命令，在打开的【属性】面板中选择"蓝"通道，将曲线往下压，为光线增加一点暖色，再选择"RGB"通道，向上拖动曲线，提亮光线即可，如图 7-52 所示。

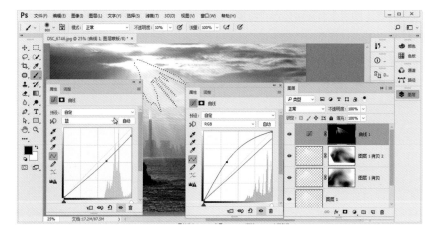

图 7-52

7.4 自然元素的合成

　　大家都知道，风光摄影"靠天气吃饭"，讲究天时地利。一旦天气不给力，拍出来的照片难免会有遗憾。但是如果掌握一定的后期技术，可以通过后期技术添加一些自然元素，如云雾、烟花、日月等，从而增加照片的可欣赏性，或者增加照片的某种氛围，这就是数码摄影时代的方便之处，能够让一些"废片"起死回生。

　　在第 1 章中，我们已经介绍了图层的混合模式，其中"正片叠底"与"滤色"两种混合模式在合成方面应用广泛。"正片叠底"模式可以过滤掉当前图层中的白色而保留较暗的对象；而"滤色"模式可以过滤掉当前图层中的黑色而保留较亮的对象。利用它们的这些特点可以快速合成白背景或黑背景的对象。

　　本节主要学习月亮、烟花、烟雾的合成，其共同特点是都是黑背景素材，运用的技术是"滤色"混合模式，不需要抠图，不需要选区，非常方便，大家可以利用相同的方法合成雪花、雨滴、闪电等。

STEP 01 打开一幅夜景照片，如图 7-53 所示。这张照片是在青岛的一座高架桥上拍摄的，当时华灯初上，建筑的轮廓灯刚刚亮起，可惜这个角度拍不到落日，天空虽然很蓝，但有些单调。

图 7-53

243

STEP 02 打开提前准备好的"月亮 .jpg"素材，将其复制到夜景图像窗口中，则产生"图层 1"。按下 Ctrl+T 快捷键，对月亮图片进行合理的缩放，如图 7-54 所示，最后按下 Enter 键确认变换操作。

图 7-54

STEP 03 在【图层】面板中设置"图层 1"的混合模式为"滤色"，这时可以看到月亮被非常自然地整合到了背景中，将"图层 1"的【不透明度】设置为 78%，适当调整月亮的亮度，最终效果如图 7-55 所示。

Tips

通过"滤色"混合模式进行合成时，要确保素材图像的背景是黑色的，如果不够黑，需要使用【色阶】命令重定黑场。

图 7-55

STEP 04 用同样的方法，再练习一下烟雾效果的合成。首先打开要处理的照片，如图 7-56 所示。这是在石潭拍摄的一幅照片，当时的环境中有一些雾气，但不是太大，下面通过合成烟雾素材来强化照片的雾气效果。

图 7-56

STEP 05 打开提前准备好的"烟雾.jpg"素材，将其复制到石潭风光图像窗口中，则产生"图层 1"。设置"图层 1"的混合模式为"滤色"，如图 7-57 所示，雾气效果得到了明显的加强。

图 7-57

STEP 06 下面再为夜景照片添加烟花素材。如果夜景照片的天空漆黑一片，添加烟花素材是不错的选择。

首先打开要处理的夜景照片，同时再打开"烟花 .jpg"素材，将烟花素材拖动到夜景照片中，则产生"图层 1"，设置"图层 1"的混合模式为"滤色"即可，如图 7-58 所示。

图 7-58

7.5 逼真的水面倒影

在风光摄影作品中，倒影效果是一种常见的表现形式，有倒影的画面显得静谧唯美，很能打动人心，同时在画面构成上，也显得简洁、饱满。如果前期拍摄时没有水面倒影，完全可以通过后期技术手段来制作倒影效果。但是一定要注意，不要为后期而后期，这只是一种技术保障而已。

7.5.1 使用倒影插件

Photoshop 有一款非常不错的倒影插件，叫"水之语"滤镜，利用它可以非常快速地制作出逼真的水面倒影，并且可以控制水面的复杂度。这款倒影插件需要单独安装，将其复制到 Photoshop 安装路径下的 Plug-ins 文件夹中，一般安装路径为 C:\Program Files\Adobe\Adobe Photoshop CC 2018\Plug-ins。安装好该插件以后，它将出现在 Photoshop 的【滤镜】菜单中。下面学习如何使用插件制作倒影效果。

STEP 01 启动 Photoshop 软件，打开要处理的照片。这张照片的水面过大，而且很空旷，如图 7-59 所示。如果制作出水面倒影效果，画面效果将得到很好的改观。

图 7-59

STEP 02 按下 Ctrl+J 快捷键复制"背景"图层得到"图层 1"。执行菜单栏中的【滤镜】>【Flaming Pear】>【Flood】命令，如图 7-60 所示。

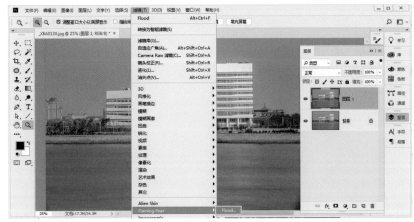

图 7-60

STEP 03 在打开的【Flood】对话框中设置视线、水域的参数，如图 7-61 所示，然后单击【确定】按钮，则得到水面倒影效果。

图 7-61

STEP 04 在【图层】面板中设置"图层 1"的【不透明度】值为 80%，然后为"图层 1"添加图层蒙版，选择工具箱中的"渐变工具"，设置前景色为黑色，在工具选项栏中设置渐变色为"前景色到透明渐变"，在图像窗口中由下向上拖动鼠标填充蒙版，淡化倒影的底端，效果如图 7-62 所示。

图 7-62

7.5.2　使用内置滤镜

　　除了可以使用倒影插件制作逼真的水面倒影之外，利用 Photoshop 自身内置的滤镜也可以快速地制作倒影效果。首先需要将图像中地平线之上的部分复制到一个独立的图层中，然后垂直翻转并调整好位置，最后再根据具体情况，运用"高斯模糊""动感模糊"或"扭曲"等滤镜进行处理即可，下面以案例的形式学习具体的制作过程。

STEP 01 启动 Photoshop 软件，打开要处理的照片。这张照片的前景非常杂乱，如图 7-63 所示。如果制作出水面倒影效果，会掩盖画面中的不足，使画面更简洁美观。

图 7-63

STEP 02 按下 Ctrl+J 快捷键复制"背景"图层得到"图层 1"。在图像窗口中将"图层 1"中的图像略微向上垂直移动，使地平线大约位于画面的中间。然后选择工具箱中的"矩形选框工具"，选择要作为倒影的部分，如图 7-64 所示。

图 7-64

STEP 03 按下 Ctrl+J 快捷键，将选择的图像复制到"图层 2"中。执行菜单栏中的【编辑】>【变换】>【垂直翻转】命令，将翻转后的图像调整到下方，如图 7-65 所示。

图 7-65

STEP 04 执行菜单栏中的【滤镜】>【模糊】>【动感模糊】命令，在打开的【动感模糊】对话框中设置【角度】为 90 度，【距离】为 38 像素，如图 7-66 所示，然后单击【确定】按钮。

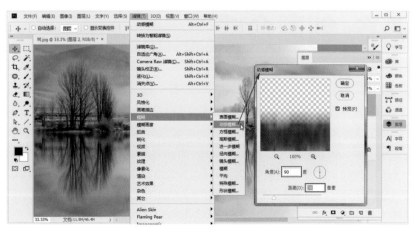

图 7-66

STEP 05 按下 Ctrl+J 快捷键，复制"图层 2"得到"图层 2 拷贝"，再次执行菜单栏中的【滤镜】>【模糊】>【动感模糊】命令，在【动感模糊】对话框中设置【距离】值为 90 像素，如图 7-67 所示，然后单击【确定】按钮。

图 7-67

STEP 06 在【图层】面板中为"图层 2 拷贝"添加图层蒙版，选择工具箱中的"渐变工具"，设置前景色为黑色，在工具选项栏中设置渐变色为"前景色到透明渐变"，然后在图像窗口中由上向下拖动鼠标填充蒙版，效果如图 7-68 所示。

图 7-68

7.6 创意合成

　　前面学习的接片、换天空、添加"耶稣光"等，都属于简单的合成，这种合成始终遵循着摄影的意图，尽可能地完善摄影作品。而本节要学习的创意合成则是更高级的合成。整个工作过程中，一切都围绕着既定的创意进行，素材的拍摄与获取非常有目的性，都是为创意服务的。从内容上来说，创意合成可以是现实主义作品，也可以是超现实主义作品，可以是唯美风格，也可以是暗黑风格，所以创意合成更考验我们的想象力与 Photoshop 技术的运用能力。

　　接下来，我们利用风光摄影素材合成一幅创意作品，这是一幅介于真实与虚幻之间的作品，以乌云与荒漠为环境，以树根、大提琴和树枝组成画面主体，飞鸟则用于突出荒凉的氛围。整体上以冷色与暗调来表现，突出一种唯美的凄凉，力图表达人类文明与过度破坏之间的矛盾，希望引起每一个人的共鸣。

STEP 01 启动 Photoshop 软件，打开素材文件"地面 .jpg"和"天空 .jpg"。将天空图片复制到"地面"图像窗口中，这时【图层】面板中将产生一个新图层"图层 1"，在图像窗口中调整好天空图片的位置，使上、下两幅图片的地平线基本吻合，如图 7-69 所示。

图 7-69

STEP 02 执行菜单栏中的【图像】>【显示全部】命令，使图像窗口之外的部分显示出来，如图 7-70 所示。

图 7-70

STEP 03 在【图层】面板中单击【添加图层蒙版】按钮，为"图层 1"添加图层蒙版。选择工具箱中的"渐变工具"，设置前景色为黑色，在工具选项栏中设置渐变色为"前景色到透明渐变"，在图像窗口中由下向上拖动鼠标填充蒙版，则两幅图片融合在一起，效果如图 7-71 所示。

图 7-71

STEP 04 打开素材文件"树根.png",这是一个不含背景的图像,将树根复制到"地面"图像窗口中,则【图层】面板中产生了一个新图层"图层2"。按下Ctrl+T快捷键添加变换框,然后在按住Shift键的同时将树根等比例缩小,调整位置,如图7-72所示,最后按下Enter键确认变换操作。

图 7-72

STEP 05 在【图层】面板中为"图层2"添加图层蒙版,然后选择工具箱中的"画笔工具",在工具选项栏中设置【不透明度】为30%,前景色为黑色,在画面中的树根底部反复涂抹,使树根与地面融为一体,如图7-73所示。

图 7-73

STEP 06 打开素材文件"大提琴.jpg",这是一个纯白背景的大提琴图像。选择工具箱中的"魔棒工具",在工具选项栏中选择【连续】选项,然后在白色的背景上单击鼠标,再执行菜单栏中的【选择】>【反选】命令,则选择了大提琴,如图7-74所示,按下Ctrl+C快捷键,复制大提琴图像。

图 7-74

STEP 07 切换到"地面"图像窗口，按下 Ctrl+V 快捷键，粘贴复制的大提琴图像，则【图层】面板中产生了一个新图层"图层3"。按下 Ctrl+T 快捷键添加变换框，然后在按住 Shift 键的同时将大提琴等比例缩小，并适当旋转，调整位置，如图 7-75 所示，最后按下 Enter 键确认变换操作。

图 7-75

STEP 08 在【图层】面板中为"图层3"添加图层蒙版，然后选择工具箱中的"画笔工具"，在工具选项栏中设置【不透明度】为10%，前景色为黑色，在大提琴底部反复涂抹，使大提琴与树根融为一体，如图 7-76 所示。

图 7-76

STEP 09 打开素材文件"树枝.jpg"，参照前面的方法将其复制到"地面"图像窗口中，在【图层】面板中将树枝所在的"图层4"的混合模式设置为"正片叠底"，然后按下 Ctrl+T 快捷键添加变换框，调整其大小并旋转，调整位置，如图 7-77 所示，最后按下 Enter 键确认变换操作。

图 7-77

STEP 10 在【图层】面板中单击"图层3"的图层蒙版,选择工具箱中的"画笔工具",设置画笔【硬度】为100%,【不透明度】为100%,前景色为黑色,在画面中大提琴的弦轴上仔细涂抹,将其擦除,然后调整硬度与不透明度,涂抹琴头部分,使树枝与大提琴融为一体,如图7-78所示。

图 7-78

STEP 11 在【图层】面板中复制"图层2",得到"图层2拷贝",将其调整到"图层3"的上方。按下 Ctrl+T 快捷键添加变换框,将其在竖直方向上拉长并旋转,位置如图7-79所示,最后按下 Enter 键确认变换操作。

图 7-79

STEP 12 在【图层】面板中设置"图层2拷贝"的混合模式为"叠加",则大提琴上出现树枝的纹理,最后执行菜单栏中的【图层】>【创建剪贴蒙版】命令,这时纹理只影响大提琴,如图7-80所示。

图 7-80

STEP 13 在【图层】面板中选择背景图层，然后调用【色相/饱和度】命令，在打开的【属性】面板中降低【饱和度】和【明度】的值，使地面与天空的颜色接近，如图 7-81 所示。

图 7-81

STEP 14 在【图层】面板中选择树根所在的"图层 2"，然后调用【曲线】命令，在【属性】面板中调整曲线的形态，如图 7-82 所示，按下 Ctrl+Alt+G 快捷键，使曲线的调整只影响树根，这一步的作用是将树根压暗。

图 7-82

STEP 15 在【图层】面板中再次调用【色相/饱和度】命令，在【属性】面板中降低【饱和度】和【明度】的值，使树根的饱和度降低，如图 7-83 所示。

图 7-83

STEP **16** 在【图层】面板中选择大提琴所在的"图层3"，然后调用【色相/饱和度】命令，在【属性】面板中降低【饱和度】和【明度】的值，使大提琴与树根的颜色接近，如图 7-84 所示。

图 7-84

STEP **17** 在"图层 1"的上方创建一个新图层"图层 5"。选择工具箱中的"画笔工具"，在工具选项栏中设置【不透明度】为 10%，【流量】为 20%，前景色为白色，然后在画面中主体对象的位置反复涂抹，使背景变亮，增强与主体的反差，结果如图 7-85 所示。

图 7-85

STEP **18** 在【图层】面板的最上方创建一个新图层"图层 6"，设置该图层的混合模式为"柔光"，选择工具箱中的"画笔工具"，设置【不透明度】为 10%，使用黑色涂抹主体对象上较亮的区域，使用白色涂抹主体对象上较暗的区域，改善主体对象的光影关系，结果如图 7-86 所示。

图 7-86

STEP **19** 按下 Ctrl+Shift+Alt+E 快捷键盖印图层，得到"图层 7"，执行菜单栏中的【滤镜】>【Camera Raw 滤镜】命令，进入 ACR 对话框，分别调整【高光】【阴影】【清晰度】和【去除薄雾】的值，然后降低【自然饱和度】的值，如图 7-87 所示，使画面的色彩趋于一致。

图 7-87

STEP **20** 为照片确定一个色调。设置【色温】值为 -10，【色调】值为 -20，结果如图 7-88 所示，单击【确定】按钮。

图 7-88

STEP **21** 打开素材文件"飞鸟 .png"，将飞鸟复制到"地面"图像窗口中，则【图层】面板中产生了一个新图层"图层 8"。按下 Ctrl+T 快捷键，调整好飞鸟的大小与位置，并设置图层的【不透明度】为 70%，结果如图 7-89 所示。

图 7-89

22 在【图层】面板中创建一个新图层"图层9"。选择工具箱中的"画笔工具"，在工具选项栏中设置【不透明度】为10%，前景色为黑色，在画面的底部反复涂抹，增强画面的纵深感，最终结果如图7-90所示。

图7-90